"十三五"国家重点图书出版规划项目

画说荸荠优质高效栽培实用技术

中国农业科学院组织编写

赖小芳 编著

U0308282

中国农业科学技术出版社

图书在版编目（CIP）数据

画说荸荠优质高效栽培实用技术 / 赖小芳 编著 . —
北京：中国农业科学技术出版社，2019.3（2025.4 重印）
ISBN 978-7-5116-3995-0

Ⅰ.①画 … Ⅱ.①赖 … Ⅲ.①荸荠 – 蔬菜园艺 – 图解
Ⅳ.① S645.3–64

中国版本图书馆 CIP 数据核字（2018）第 295049 号

责任编辑　于建慧
责任校对　李向荣

出 版 者　中国农业科学技术出版社
　　　　　北京市中关村南大街 12 号　邮编：100081
电　　话　（010）82109708（编辑室）　　（010）82109702（发行部）
　　　　　（010）82109709（读者服务部）
传　　真　（010）82106650
网　　址　http://www.castp.cn
经 销 者　各地新华书店
印 刷 者　北京捷迅佳彩印刷有限公司
开　　本　880mm×1 230mm　1/32
印　　张　4
字　　数　139 千字
版　　次　2019 年 3 月第 1 版　2025 年 4 月第 2 次印刷
定　　价　29.80 元

编委会

《画说『三农』书系》

主　任　张合成

副主任　李金祥　王汉中　贾广东

委　员　贾敬敦　杨雄年　王守聪　范　军

　　　　高士军　任天志　贡锡锋　王述民

　　　　冯东昕　杨永坤　刘春明　孙日飞

　　　　秦玉昌　王加启　戴小枫　袁龙江

　　　　周清波　孙　坦　汪飞杰　王东阳

　　　　程式华　陈万权　曹永生　殷　宏

　　　　陈巧敏　骆建忠　张应禄　李志平

编委会

《画说荸荠优质高效栽培实用技术》

主 编 著　赖小芳

副主编著　王伯诚

编著人员　张尚法　江　文　陈可可

　　　　　胡美华　贝道正

序言

《画说「三农」书系》

农业、农村和农民问题，是关系国计民生的根本性问题。农业强不强、农村美不美、农民富不富，决定着亿万农民的获得感和幸福感，决定着我国全面小康社会的成色和社会主义现代化的质量。必须立足国情、农情，切实增强责任感、使命感和紧迫感，竭尽全力，以更大的决心、更明确的目标、更有力的举措推动农业全面升级、农村全面进步、农民全面发展，谱写乡村振兴的新篇章。

中国农业科学院是国家综合性农业科研机构，担负着全国农业重大基础与应用基础研究、应用研究和高新技术研究的任务，致力于解决我国农业及农村经济发展中战略性、全局性、关键性、基础性重大科技问题。根据习总书记"三个面向""两个一流""一个整体跃升"的指示精神，中国农业科学院面向世界农业科技前沿、面向国家重大需求、面向现代农业建设主战场，组织实施"科技创新工程"，加快建设世界一流学科和一流科研院所，勇攀高峰，率先跨越；牵头组建国家农业科技创新联盟，联合各级农业科研院所、高校、企业和农业生产组织，共同推动我国农业科技整体跃升，为乡村振兴提供强大的科技支撑。

组织编写《画说'三农'书系》，是中国农业科学院在新时代加快普及现代农业科技知识，帮助农民职业化发展的重要举措。我们在全国范围遴选优秀专家，组织编写农民朋友用得上、喜欢看的系列图书，图文并貌展示先进、实用的农业科技知识，希望能为农民朋友提升技能、发展产业、振兴乡村作出贡献。

　　　　　　　　　　　　中国农业科学院党组书记　张合成

　　　　　　　　　　　　　　　　　　　2018 年 10 月 1 日

前言

《画说荸荠优质高效栽培实用技术》

荸荠自古就有"地下雪梨""江南人参"之美誉，深受人们喜爱，是我国重点发展的 15 种特色蔬菜之一。荸荠一般亩产量 2 000~2 500kg，高产者超过 3 000kg，亩效益可达 8 000 元以上，荸荠种植无疑是贫困地区精准扶贫、脱贫致富、振兴乡村的一个好产业。

荸荠起源于中国和印度，在我国栽培历史悠久，除高寒地区外，其分布几乎遍及全国各个省区，而经济栽培则主要在长江流域及其以南地区。至今，在生产实践中出现了一些新的问题，如荸荠育种工作滞后、地方品种种质退化严重；病害严重、盲目施用农药；栽培技术要求高、农民入行困难等。因此，本书拟针对这些新问题，做必要的详解，并将近年不断创新和完善的栽培技术介绍给读者。同时，配置了较多的彩图，以画说的方式介绍，更加直观明了。

有关荸荠实用栽培技术介绍的书不多。编著者从事荸荠种苗快繁、种质创新以及栽培技术研究工作 10 多年，从科研到生产实践，积累了丰富的荸荠实用栽培技术，现将这些成果集结，同时汇集当前荸荠领域的最新成果，以期指导实践。

本书分八个部分，系统介绍了荸荠的历史渊源与生产现状、特征特性和生长发育规律、主栽品种及其特征特性、荸荠种苗繁殖技术、大田栽培技术、病虫害防控技术、几种常用轮作栽培模式，最后介绍了荸荠产品及加工技术。重点介绍的是荸荠种苗繁殖技术和实用栽培技术，并且尽量使其内容更加确切、详细、完善、通俗易懂和具有可操作性。

本书特点：面向生产实际，注重技术细节。采用方法：图文并茂，循序渐进。

本书在编写、出版过程中得到编著者所在单位浙江省台州市农业科学研究院领导、同事的热忱关爱和支持，得到广西农业科学院陈丽娟、江文老师的帮助，得到金华市农业科学研究院张尚法老师的大力支持以及出版社编辑老师的悉心指导和帮助，在此深表谢意！

本书可作为对荸荠感兴趣的科技人员和荸荠生产者的参考用书，希望能对他们有所帮助。由于业务水平和知识的局限，书中错误和遗漏之处在所难免，恳请诸位同仁与读者予以批评指正。

编著者

2018 年 9 月

Contents 目　录

荸荠的历史渊源与生产现状

一、荸荠的起源、分布及发展前景

1. 荸荠的起源

荸荠(学名 *Eleocharis dulcis*,英文名 Water chestnut)为莎草科荸荠属宿根性浅水草本植物,以其地下球茎作为食用器官,古称芍,别名马蹄、地栗、乌芋、凫茈等。我国南方各省多有栽培,主要利用水田和沼泽地栽培,并常与浅水莲藕、慈姑、水芹等水生蔬菜轮作。

大多数学者认为荸荠起源于中国和印度。中国关于荸荠的最早记载见于《尔雅》(约公元前 2 世纪):"芍,凫茈",郭璞(314年前后)注:"生下田,苗似龙须而细,根如指头,黑色,可食"。名医别录(526 年前后)中称"乌芋"。"荸荠"一名是由北宋成书的《物类相感》(11 世纪下半叶)、《本草演义》(1116 年)等首次著录。荸荠的驯化栽培则比较晚,关于荸荠栽培最早见于两宋之际的古籍,南宋嘉泰元年(1201 年)浙江《吴兴志》:"凫茈,……,今下田种"。此后,安徽、浙江、湖南的地方志中陆续有荸荠栽培的记载。《便民图纂》(1502 年)中首次述及荸荠的具体栽培方法。另外,从一些古玩中也可进一步印证古人对荸荠的喜爱(图 1-1)。

左:宋 铁胎错金荸荠形小盒;右:清 老紫砂堆塑青花荸荠镇纸

图 1-1 荸荠形古玩

2. 荸荠的分布

荸荠生长适应性较强，在国外，荸荠主要野生分布于东南亚、美洲、欧洲和大洋洲等国家的池沼、滩涂等低洼地带，约于 17 世纪开始人工栽培；在中国，除高寒地区外，其分布几乎遍及全国各省（区），主要分布在广西壮族自治区（以下简称广西）、江苏、安徽、浙江、广东等地，而经济栽培则主要在长江流域及其以南地区。我国目前荸荠年种植面积约 60 万亩（1 亩 ≈ 667m²。全书同），年总产量约 80 万 t，占世界总产量的 99%，产品畅销世界各地。目前，荸荠栽培已经形成了几个著名产区，例如广西桂林、贺州，湖北省孝感、团风和沙洋，浙江省余杭、黄岩，江苏省高邮、苏州，福建省闽侯，安徽省庐江，江西省会昌等。其中，广西栽培面积最大，出口最多，而其淀粉专用型荸荠栽培面积近 30 万亩，约占我国荸荠种植总面积的 50%。

3. 荸荠的发展前景

荸荠是我国重点发展的 15 种特色蔬菜之一，是我国传统的重要出口创汇产品，在国际上中国的荸荠贸易量占到 99%，而中国荸荠产量占世界总产量的 99%，发展潜力大。在荸荠栽培历史上，20 世纪 90 年代曾是发展的高峰，随着农村劳务输出，荸荠产业一度走入低谷。近年来，荸荠产品市场需求量的逐年上升，外出务工人员有所回流和创业，荸荠种植面积及加工业也逐渐回升扩大。与其相适应的新品种的出现，栽培新技术以及收获工具的改进，为荸荠产业注入了新鲜血液。集约化标准化规模化种植将代替零星不规范种植，无病毒的荸荠组培苗生产将逐渐替代传统球茎留种繁殖。荸荠产业正朝着健康、可持续方向发展。

二、我国荸荠生产现状

1. 荸荠产业政策支持力度不够

荸荠属于特色果蔬农产品，种植面积少，荸荠产地相对固定，多年来的经营方式大多为自给自足的小农经济，未能形成规模化种植，产生的经济效益相比其他大宗作物社会影响力不大，各级政府的政策支持力度也不大。因此，要进一步争取政策扶持，完善生产和企业加工环节，争取品牌效应，出口创汇。

2. 荸荠育种工作滞后、地方品种种质退化严重

荸荠是以地下球茎为产品器官的蔬菜，采用无性繁殖，适合于荸荠的常规育种途径是利用芽变，但是，芽变发生概率较低，且荸荠栽培密度大，发生的芽变也难以发现，加上荸荠种子坚硬，发芽困难，杂交育种难度大；目前荸荠主栽品种大多是各地人工自然选择而形成的地方品种，这些品种由于长期采用无性繁殖，品种种性退化，机械混杂严重，农民自行引进的品种多、杂、乱，年份之间产量不稳定，品质得不到保证。随着育种技术的进步，离体培养技术、诱变技术可成为荸荠等无性繁殖作物育种的重要途径。

3. 荸荠病害严重，农民入行难

荸荠病害重，栽培技术要求高，如果没有足够的经验很难种植荸荠。加上有些农民只顾当季利益，多年连作，不愿意与水稻、马铃薯等低效益的作物轮作；农药安全使用意识淡薄、抗药性增强，导致荸荠秆枯病隔三差五的流行与暴发，结果导致荸荠产量低、品质差、商品率低、农药残留重，效益差。尤其是江浙一带经济发达的地区，荸荠种植队伍青黄不接，已严重影响荸荠产业的正常发展。因此要加强农科队伍建设，加强技术培训与指导，提高农民种植水平。与此同时，科研人员也已经将荸荠组培苗用于生产实际中，为健康种苗产业化作出了表率，这方面广西做得比较好，走在全国前列。

4. 荸荠产业机械化程度低、化工大、成本高

目前，荸荠采收机械化程度不高、实用性差；依赖工人采收，工作量大，成本高。随着农民不断涌向城市，农村人力资源日益紧张，临时雇佣大量工人无疑成为一大难题，且人工采收效率低，无形中导致成本提高，种植规模无法扩大。此外，荸荠的去皮工作也需要大量劳力，尽管据媒体报道荸荠去皮机的研究取得了一定进展，但其去皮效果比人工差，有时达不到企业加工标准。随着现代农业的发展，需要改变传统落后的农业生产方式，相信有关科研人员不断的攻关、探索，荸荠采收机械化的目标很快就会实现。

第二章

荸荠特征特性及生长发育规律

一、形态特征

荸荠为无性繁殖作物，以地下球茎为繁殖体。荸荠的根为须根。茎分4种：肉质茎、叶状茎、匍匐茎和球茎。地上部分生长看到的称为叶状茎，圆柱形，中空，具横隔，表面平滑，色绿；地下匍匐茎，连着分株的称分株型匍匐茎，顶端膨大形成球茎，即为荸荠产品，连着球茎的匍匐茎称球茎型匍匐茎。荸荠的叶片退化，叶鞘薄膜质，鞘口斜形，易脱落。穗状花序，顶生，直立，淡绿色（图2-1）。

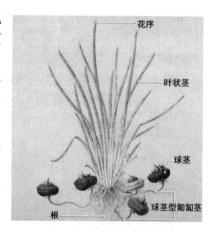

图2-1　荸荠植株示意

1. 根

须根，着生在球茎抽生的短缩茎基部茎节处和匍匐茎茎节上或分株苗叶状茎的基部，起初白色，老熟后转为褐色，长20~30cm（图2-2）。

2. 茎

分为肉质茎、叶状茎、匍匐茎和球茎4种。

（1）肉质茎　位于球茎萌发后发生的发芽茎和匍匐茎的先端，

图2-2　荸荠球茎发苗长根

生长前期短小，不明显。球茎顶芽和上部侧芽向上抽生叶状茎，叶状茎基部侧芽向土中抽生匍匐茎；匍匐茎在地下伸长一段时间后，其先端肉质茎的顶芽又向上抽生叶状茎形成分株（图2-3）。

左：球茎萌发的发芽茎；右：匍匐茎先端部分
图2-3　肉质茎位置

（2）叶状茎　绿色，<u>直立丛生</u>，高70~120cm，中空管状圆柱形，不分枝，内具多数横膈膜。叶状茎初生期淡黄色，叶绿素含量较少，见光后绿色逐渐加深，是荸荠唯一的光合作用器官。田间看到的就是这种叶状茎集合景观（图2-4）。结球后期叶色褪绿，最后枯萎死亡。

（3）匍匐茎　初生期乳白色，后转为淡黄色，组织疏松脆嫩，一般3~4节，长10~15cm，粗约0.4cm。在开花前的高温长日照条件下，匍匐茎在土中横向

图2-4　叶状茎

生长，前端向上抽生叶状茎，向下抽生根系，成为独立的分株，分株又抽生新的匍匐茎，如此多次分株和分蘖形成株丛，扩展布满全田，这类匍匐茎称为分株型匍匐茎（图2-5）；另一种类型匍匐茎发生在生长中后期，在秋季低温和短日照条件下，营养物质向匍匐茎顶端运转和积累而膨大形成球茎。

图 2-5　匍匐茎和分株

（4）球茎　球茎是繁殖器官，也是产品器官，扁圆球形，横径约 4.0cm，纵径约 2.4cm，表皮红褐色，肉白色。单个球茎重约 18~25g，大者可达 30g 以上。荸荠为沼泽草本植物，地下匍匐茎顶端 5 节膨大形成扁圆球形状，节上有鳞片（退化的叶），最先端 3 节鳞片将芽包裹成尖嘴状，内含顶芽和侧芽（图 2-6）。生产栽培中，球茎饱满粗壮的顶芽先萌发，发芽时，顶芽及侧芽抽生发芽茎，向上抽生叶状茎，向下生根，并不断分蘖和分株，成为母株；若顶芽折断，则顶端优势丧失，可促进侧芽萌发，繁殖后代的任务由侧芽来完成。

图 2-6　球茎

3. 叶

叶片退化，叶鞘薄膜质，鞘口斜形，易脱落，几乎不含叶绿素，着生在叶状茎基部；再是着生在球茎上部数节，内包被顶芽和侧芽（图2-7）。

左：在叶状茎基部；右：在球茎中上部数节

图2-7 退化的叶片着生状态

4. 花

植株进入生殖生长阶段后，花茎顶端抽生穗状花序一个，长 15~40mm，直径 4~6mm，圆柱状，顶端钝或锐尖，淡绿色，有多数花。小穗基部有 2 片鳞片中空无花，抱小穗基部一周；其余鳞片全有花。鳞片宽倒卵形，螺旋式或覆瓦状排列，背部

图2-8 荸荠的穗状花序

有细密纵直条纹，灰绿色，近革质，边缘为微黄色干膜质，具一条中脉。花被 6 枚，变为刚毛，上具倒生钩。雄蕊 2~3，淡黄色，花丝细长。雌蕊 1 个，为合心皮，子房上位，柱头 2 或 3 裂，深褐色。荸荠结实以异株异花授粉为多，自花授粉少（图2-8）。

荸荠抽生花茎到花序开花约需 7d，整个花序开花 4d 即凋谢。荸荠在生育期可以不断抽生花茎，花序可连续不断地开放。荸荠群体盛花期 8—9 月。

5. 果实和种子

每一朵小花授粉受精后，结实 1 粒，小坚果宽倒卵形，双凸状，顶端不缢缩，长约 2.5mm，宽 1.8mm。成熟时果皮革质光滑，灰褐色，难以发芽，故生产上不采用种子繁殖（图 2-9）。从开花授粉到种子成熟约需 1 个月时间。

左：黄熟时的种子；中：老熟时的小穗；右：老熟时的种子

图 2-9　荸荠的小穗和种子

二、生长特性

荸荠以球茎进行无性繁殖，其生长发育一般可分为幼苗期、营养生长期、营养生长及生殖生长并进期、结荠期、成熟期等 5 个时期。为了叙述方便，简化成下面 3 个时期。

1. 幼苗期

从球茎顶芽萌动到形成短缩茎、叶状茎和须根的植株为止。气温达到 10~15℃时，80% 以上球茎可萌芽，顶芽抽生发芽茎，发芽茎上又长出短缩茎，向上抽生叶状茎，向下生长须根，形成幼苗。而组培苗是从荸荠茎尖培养通过工厂化快繁得来的，植株个体较前者小，但能很快适应田间生长，后劲十足。种植者可以自行繁殖或直接购买（图 2-10）。

左：由球茎萌发的幼苗；右：由茎尖培养而成的组培苗

图 2-10　荸荠幼苗

幼苗可以转到秧田里继续分蘖分株，以增加繁殖株数，满足生产需要。

2. 分蘖与分株期

从抽生分蘖到形成球茎型匍匐茎为止。栽培上，广西7月底8月初、江浙7月中旬移栽到大田，不能晚于立秋。秧苗移植后，新抽生的叶状茎不断长高增粗，叶状茎色泽变绿，基部不断产生分蘖和分株，形成母株。其侧芽向周围抽生3~5条横向生长的匍匐茎，匍匐茎长到10~15cm，其顶端又形成叶状茎，从而形成分株。高温长日照有利于分蘖和形成分株，气温在25~30℃时分株最旺。分株的级数与种植时间有关，种植越早越稀，分株级数越多，反之越少。如此一级一级形成新的分蘖、分株，株丛布满全田。一个母株可产生分蘖30~40个，一个分株10~15d发一次，一般可发生分株3~5次。即一株秧苗可扩大到200~400根叶状茎，甚至更高（图2-11）。这一阶段，植株的营养生长和旺盛的光合作用，为后期球茎形成奠定基础。进入9月份后，气温下降，光合产物的积累量则逐渐增多，匍匐茎的生长由水平方向转而朝土下斜向生长。10月上旬以后，分蘖分株基本停止，不再抽生新的叶状茎，此时所有的匍匐茎先端开始膨大，球茎开始形成，每个分株结球茎3~6个。荸荠产量取决于单位面积球茎数和单个大小，而后者又是由分株次数和叶状茎数量和质量决定的。因此，应争取在适宜的气温下，取得一定合理的分株数，以保证地上叶状茎的数量和质量。

左：一个球茎分蘖出的分株苗；右：从左到右分别为母株、一级分株、二级分株、三级分株和四级分株

图2-11　分蘖植株

3. 球茎形成期

从抽生球茎型匍匐茎到球茎膨大成熟，是产量形成期。单个球茎从开始膨大到停止膨大约 70d，其中，生长最快时间为前 20d 和后 30d 左右，其间经历一个体积和重量增加的"快—慢—快"过程。秋季气温逐渐降低，日照日益变短，分蘖分株基本停止，光合产物主要转运到球茎，并迅速膨大，淀粉含量快速提高（图 2-12）。随着气温进一步下降，叶状茎逐渐衰老、枯黄，荸荠的整个生命体进入休眠期。

图 2-12　匍匐茎顶端膨大形成球茎

三、环境条件要求

1. 温度

荸荠性喜温暖湿润，不耐霜冻，整个生育过程均要求较温暖的环境条件，而高温长日照不利球茎生长。萌芽期最适温度为 15~25℃，10~15℃为萌芽始温。分蘖分株期要求 15~35℃，最适温度 25~30℃。结球期，气温宜适当偏低，最适温度为 15~20℃，并需要较大的昼夜温差。温度降到 10℃左右，分蘖停止；夜温降到 5℃左右，地上部开始枯萎。休眠的球茎能耐 3~5℃低温，但不能受冻。荸荠的产量决定于地上茎的数量和质量以及地下球茎的个数和大小，而地上茎的数量又取决于分株次数，分蘖和分株在气温 20~30℃时发生最快。因此，荸荠适期早栽能增加地上叶状茎数量，使同化器官制造和积累的养分增多，从而使结球个数和球茎重量增加。长江流域地区荸荠栽植期最好不超过大暑，长江以南地区由于气温较高，可延迟 8 月初，但最好不过立秋关。

2. 光照

荸荠不同生长阶段对光照强度、日照长度有不同的要求。萌芽期和幼苗生长期，不宜光照过强。此期植株生长仍以消耗球茎内贮藏的养分为主，贮藏养分逐渐被消耗后，植株转入自养生长，叶状茎色泽因受光变绿，光合作用加强，此时须有较强的光照。形成分株以后，植株根系发达，光合作用增强，此时须有较强的长日照阳光照射。光照强度较高，叶状茎生长旺盛，呈深绿色，光合作用加强，有利于分蘖、分株；光照强度较低，长时间阴雨天气等，则植株徒长，抗倒伏能力下降。故荸荠的分株、分蘖期必须安排在夏季和早秋的高温强光条件下度过。当日照时间日渐缩短后，并在较低的温度条件配合下，进入球茎结球、膨大期。有关研究表明，荸荠球茎形成存在一个最大临界光照日长（12~12.5h），光照低于这个临界日长，球茎迅速膨大，若光照高于这个临界日长，则显著地延缓荸荠球茎的形成，即使在平均温度低于21℃的条件下，荸荠球茎也不形成或者仅形成很小的球茎。

3. 肥水

荸荠整个生长期，均要求不断水，但水位又不能太高。浅水能提高土温，有利于叶状茎发生，促进分株、分蘖形成。一般在大田移栽后，随着气温升高，植株蒸腾量加大，应逐渐加深灌水。整个生长期间如水分供应不足，则植株矮小，分株、分蘖数及球茎数减少，球茎品质差、渣多。因此，荸荠整个生育期在正常情况下以不断水为好，特别是球茎膨大期和迟栽的植株更不宜断水。但在栽培上，早水荸荠为了后茬播种和栽植及防止球茎萌芽，可在球茎成熟期适当提前排水。

荸荠株丛多而大，结球期所需要的各种养分及同化物质也多，因此基肥要足；分蘖分株期要求有充足的氮肥，以保证荸荠有足够的苗数；进入结球期后则不宜再施氮肥，否则容易引起徒长、倒伏、影响结球，并有可能引起病害的发生。

钾素对改善球茎品质，促进氨基酸、蛋白质合成和糖分、淀粉的运转积累有重要作用。同时，钾肥还能提高植株的抗病能力。磷肥对荸荠也有类似的效应，磷是植物细胞核与原生质的组成成分，缺磷时，作物细胞的形成与增殖就会发生障碍，茎与根的生长都要受到抑制，成熟期延迟，故磷的供应状况不仅影响到荸荠苗期的生长、还影响到荸荠后期的生长发育。磷素供应充足时，促进荸荠根系发育和体内可溶性的糖类贮存，成熟早，产量高、品质好，还能增强荸荠抗寒能力。

在施肥种类和方法上，氮肥基肥可以占 50%~60%，追肥占40%~50%。基肥有机肥要提前施入，充分腐熟，化肥移栽前 3~5d 一次性施入；追肥可分 2~3 次施入，封行后一般不宜再施肥，寒露前结束。基肥氮肥用碳氨、尿素，追肥氮肥用尿素。磷肥可以全部作基肥施入，酸性土壤可以选用钙镁磷肥，碱性土壤选用过磷酸钙。钾肥基肥追肥各占 50%，选用硫酸钾型复合肥、硫酸钾等。生产者应根据各地土壤类型、目标产量来增减施肥量，而中、微量元素则要根据土壤养分状况和作物表现，应缺补缺，采用基施和根外追肥。有机肥的施用在提供作物养分、维持地力、更新土壤有机质、促进微生物繁殖、增强土壤保水保肥能力，特别是在改善土壤结构和保护农业生态环境方面具有化肥不可替代的作用，长期施用有机肥以及有机肥与化肥配施能显著提高土壤有机质及土壤供肥能力，从而提高产量。

4. 土壤

荸荠产品器官生长在土壤中，一般要求土壤有机质含量较高，土质疏松，石砾少，耕作层 20~25cm，隔层坚实，平坦。这样有利于球茎生长发育，又不致使球茎深藏，个体发育大小均匀整齐一致，也有利于挖取。耕作层过黏，不利于球茎膨大，腐殖质过多，球茎含糖量降低，甜味变淡。对于缺磷地区，在施用基肥时应适当补充磷元素。根据作物营养元素同等重要原理，除氮、磷、钾三要素外，中、微量元素要因缺补缺。荸荠对土壤酸碱度的要求不高，但以微酸性到中性较为适宜。

四、产量形成原理

荸荠地上部分一岁一枯荣，地下球茎一年一收成。荸荠为短日照球茎植物。其生育期在高温和长日照条件下，所抽生的地下匍匐茎，先端转向地上萌芽生长，形成分蘖分株，以扩大营养群体；直至生育后期，在气温转凉达25℃以下，昼夜温差达10℃左右，同时日照转短时，由各分株基部抽生的地下匍匐茎，其先端不再萌发分株，植株同化的养分转向积累而膨大，结成球茎。因此，荸荠球茎产量的构成因素，包括单位面积栽植基本苗数，平均每一基本苗的分株数，平均每一分株的结球数和平均球茎单球重等4项的连乘积即为单位面积球茎产量，4者在构成产量中起同等重要的作用。单位面积栽植基本苗数各地略有差异，一般广西地区2 500~3 500株/亩，江浙地区660~1 300株/亩，早栽偏稀，晚栽偏密；肥多偏稀，肥少偏密。可通过随后分株的多少加以调节，到结球前达到全田植株分布基本均匀、各分株间既不相互拥挤也不疏密不均，使每一分株均能结球较多、较大，从而获得优质、高产的荸荠。若分株过多，株间拥挤，群体过密，田间通风透光不良，将会降低光合产物的制造和积累，造成球茎过小，可供作商品的球茎减少，其结果有可能是增产不增收。如分株过少，田间绿色叶状茎面积系数过小，也不能充分利用光能，球茎数不足，也不能增产、增收。株间过稀、过密还易遭受风害，引起叶状茎倒伏，造成严重减产。一般肥力中等的田块，广西早水荸荠每亩定植基本苗3 000株，每苗具叶状茎3~4根，到秋季结球前，增长100倍，即平均每株基本苗分株10株，平均每分株生有叶状茎30~40根，且叶色深绿（色级达5~6级）光合势强，可为优质高产打下基础。往后在不发生重大自然灾害的情况下，每基本苗丛和其所有分株均能结出较多、较大的球茎，平均每一单元株结球5~6个，平均单球重达15g以上，则其4项产量构成因素连乘积即达每亩2 250~2 400kg。这是荸荠优质、高产的较好水平。

选用良种或组培苗，合理密植、调控分株和均匀分蘖及防治病虫害、延长结球期间功能叶状茎的寿命，是争取优质、高产的必要前提。

第三章

荸荠的主要栽培品种及其特征特性

　　我国栽培的荸荠，按球茎淀粉含量的高低分为2种类型：水荸荠类型，富含淀粉；红荸荠类型，淀粉含量较少。按照球茎底部形态的差异，又分为平脐和凹脐2种类型：平脐类型，球茎底部脐平，顶芽尖，球茎较小，含淀粉较多，品质一般，适宜熟食或加工制粉，如苏荠、广州水马蹄等；凹脐类型，球茎底部脐凹，顶芽钝，球茎较大，淀粉含量低，少渣甜嫩，适宜生食及加工罐头，如余杭大红袍、店头荸荠和桂林马蹄等。

一、传统地方品种

1. 桂林马蹄

　　广西桂林市地方品种，又名三枝脆。晚熟，株高100~120cm，球茎表皮深褐色，高2.5cm，横径4.5cm，平均单球茎重20g以上，含淀粉量较低，含糖量较高，肉质脆嫩，味较甜，宜生食，较耐贮藏（图3-1）。每亩产量1 500~2 000kg。

图3-1　桂林马蹄

2. 芳林马蹄

　　广西贺州市地方品种。球茎形状与桂林马蹄相似，扁圆形，表面光滑，栗色或枣红色。单球茎重20g以上。皮薄质嫩，肉白色，脆甜多汁，富含淀粉，化渣爽口（图3-2）。最适宜加工成清水罐头。亩产量2 000~3 000kg。

图3-2　芳林马蹄

3. 广州水马蹄

广东省广州市地方品种。较早熟，株高约100~110cm，球茎表皮黑褐色，高2cm，横径2.5~3.0cm，单球茎重约15g，呈扁圆形而稍尖，顶芽尖长，脐平（图3-3）。不耐贮藏，淀粉含量较高，熟粉黏性大，宜熟食，适于加工制糖、制淀粉。单株球茎数多，个小，每亩产量1 500~2 000kg。

图3-3 广州水马蹄

4. 孝感荸荠

湖北省孝感市地方品种。中晚熟，株高90~110cm，分蘖力强，球茎表皮红褐色，高3.0cm，横径3.6cm，单球茎重20~25g；顶芽短小而略向一边斜，脐部微凹。皮薄，味甘，质细，渣少，宜生食（图3-4）。每亩产量1 000~1 500kg。

图3-4 孝感荸荠

5. 团风荸荠

湖北省团风县地方品种。株高80~90cm，球茎近圆形，横径4.0~5.6cm，顶芽粗大，脐平，球茎红褐色，单球茎重约25g，宜生食（图3-5）。分蘖性强，抗逆性较强。每亩产量1 500~2 000kg。

图3-5 团风荸荠

6. 沙洋荸荠

湖北沙洋地方品种。株高 93cm 左右，球茎扁球形，厚 3cm，横径 3.9cm，单球茎重约 25g。脐部凹，皮色红褐色，皮薄。味甘，质细，渣少，宜生食（图 3-6）。亩产量约 1 500kg。

图 3-6 沙洋荸荠

7. 鄂荠 1 号

武汉市蔬菜科学研究所选育。株高 85~96cm，球茎商品率 70% 左右，单球茎重 25g 左右。球茎扁圆形，高 2.2~2.8cm，横径 4.0~5.6cm，表皮红褐色，脐部较平，顶芽短粗，侧芽小，淀粉含量 5.86%，肉白色，脆甜，品质优良，商品性好，宜生食（图 3-7）。全生育期 250d 左右，较耐秆枯病。不足之处是球茎皮较薄，不耐贮藏运输。每亩产量约 1 500kg。

图 3-7 鄂荠 1 号

8. 鄂荸荠 2 号

武汉市蔬菜科学研究所选育。株高约 110cm，球茎皮红褐色，脐部平，果肉厚，纵切面椭圆形，纵径 2.5cm 左右，横径 4.5cm 左右，单个球茎重约 32g（图 3-8）。球茎生食口感脆甜，脐部较耐开裂。每亩产量约 1 800kg。

图 3-8 鄂荸荠 2 号

9. 苏荠

江苏省苏州市地方品种。株高 100~110cm，球茎扁圆，皮薄深红色，芽尖平脐，肉白色，高2cm，横径 3.4cm，单球茎重 15g（图 3-9）。生食品质较佳，也宜熟食，耐贮藏，适合加工制罐。每亩产量 1 500kg。

图 3-9 苏荠

10. 高邮荸荠

产于江苏高邮及盐城。株高75cm 左右，单球茎重 20g 左右。球茎扁圆，顶芽直尖，脐平，皮厚，红褐色，肉白色，耐贮藏（图3-10）。亩产量 1 000~1 500kg。适宜熟食或制淀粉。

图 3-10 高邮荸荠

11. 余杭大红袍

浙江省杭州市地方品种，又名余杭荠。中熟，株高 80~90cm，球茎表皮深棕红色，平脐，高约 2.3cm，横径3~4cm，平均单球重 20~25g，芽粗直，味甜，少渣，适宜生食及加工罐头（图 3-11）。抗逆性强，每亩产量 1 200~1 500kg。

图 3-11 余杭大红袍

12. 嘉兴大红袍

浙江省嘉兴地区地方品种。性喜温暖不耐寒冷。株高 90~100cm，分株较强，球茎扁圆形，一般单果重 15g，高 2.2cm，横径 4.0cm，球茎腰部有 4 个环节，1 个顶芽，4 个侧芽，5 个芽都集中在第 4 节上，果形圆整，皮色大红，品质优良（图 3-12）。一般亩产 2 000kg 以上。

13. 店头荸荠

浙江省台州市黄岩地方品种。晚熟，株高95cm，球茎呈阔横椭球形，表皮为中等红褐色，脐部微凹，横径4.13cm，纵径2.39cm，平均单球重25.5g（图3-13）。汁多味甜，清脆爽口，果菜兼用，生熟食皆宜。每亩产量约2 000kg。

图3-12　嘉兴大红袍

14. 虹桥荸荠

产于浙江省乐清市，株高100~110cm，球茎扁圆形，单球重17g左右，皮较厚，红褐色，肉白色，肉质较粗，味甜，宜生食（图3-14）。抗逆性强，一般亩产1 500kg左右。

图3-13　店头荸荠

15. 菲荠

原产菲律宾。中晚熟，株高110~120cm，球茎椭圆形，较大，平均单个重25g（图3-15）。质脆味甜，品质好。适宜生食。亩产2 000kg以上。

图3-14　虹桥荸荠

16. 会昌荸荠

产于江西省会昌县。中熟，株高100~120cm，球茎高3cm，横径4.0~4.5cm，球茎顶芽尖而短，肉质细嫩，味甜，品质好，以生食为主（图3-16）。耐寒性弱而耐热性强。一般亩产1 500kg左右。

图3-15　菲荠

17. 信丰荸荠

江西省信丰县地方品种。株高 100~110cm，球茎扁球形，高 2.3cm，横径 4.3cm，单球茎重 25g 左右。表皮深红色，侧芽中等大小，脐平，皮薄，肉质脆嫩，味甜，化渣，宜生食（图 3-17）。

图 3-16　会昌荸荠

图 3-17　信丰荸荠

18. 闽侯尾梨

产于福建省闽侯县。中熟，当地于 5—7 月育苗，25~30d 后定植大田，11 月下旬开始采收。株高 90cm，球茎高 2cm，横径 3.5cm，皮红褐色，单球茎重 18g 左右（图 3-18）。肉质脆嫩，味甜，品质好，适于生食和加工罐藏。每亩产量 1 500kg。

图 3-18　闽侯尾梨

二、利用组培技术选育新品种

1. 桂粉蹄 1 号

广西农业科学院生物技术研究所选育。荸荠粉原料专用型品种。大田生育期 140~150d。球茎大小均匀，呈扁圆形，脐平，横径 2.5~3.8cm，纵径约 2cm，单球茎重 10~20g，芽细长直，皮红黑色（图 3-19）。鲜球茎总糖含量 5.7%，淀粉含量 11.4%。每亩球茎产量 2 000~2 500kg。

2. 桂蹄 2 号

广西农业科学院生物技术研究所以广州番禺地方荸荠品种为材料，采用组培技术培育而成的荸荠新品种。大田生育期约 140d，株高 95~105cm，球茎扁圆形，脐微凹，横径 3.5~5.5cm，纵径 2.5~3cm，平均单球茎重 26g。芽粗，皮稍厚，深红色，较耐贮运（图 3-20）。分蘖力强，抗病性好，高产、优质、商品性好、球茎大小均匀、大果率高达 70%。每亩球茎产量 2 500~3 500kg。以组培苗作为种苗的，每亩用苗量 200~300 株。

图 3-19　桂粉蹄 1 号

图 3-20　桂蹄 2 号

3. 桂蹄 1 号

广西农业科学院生物技术研究所选育。具有较强的分蘖力，抗病性较好，高产、优质、商品性好，球茎果型好、皮薄、多汁化渣、脆甜、个大均匀、大中果率高，单球茎重 25g（图 3-21）。大田生育期约 140d，株高 95cm。每亩球茎产量 2 500~3 300kg，高产达到 4 000kg。以组培苗作为种苗的，每亩用苗量约 200 株。

图 3-21　桂蹄 1 号

4. 桂蹄 3 号

广西农业科学院生物技术研究所选育。植株分株适中，不易徒长，丰产，大果率高，耐贮藏。亩产球茎 2 250~3 500kg，比桂蹄 2 号增产 14.9%；大果率 66.3%，比桂蹄 2 号略高（图 3-22）。

图 3-22　桂蹄 3 号

5. 台荠 1 号

浙江省台州市农业科学研究院选育。大田生育期 150~160d，晚熟，株高 98cm。球茎呈阔横椭球形，外皮为深红褐色，脐部微凹，横径 4.17cm，纵径 2.41cm，单球茎重 27.3g（图 3-23）。口感甘甜爽口，生熟食皆宜，果菜兼用，矿物质含量高。每亩球茎产量约 2 500kg。

图 3-23　台荠 1 号

第四章
荸荠种苗繁殖技术

荸荠大田种植要想获得高产稳产，品种的正确选用是基础。一般是根据用途来选择适宜的品种，如产品生产目的以生食鲜销为主的，就要考虑含糖量高些和口感好些的品种；如以加工制粉为主的则要考虑淀粉含量高些的品种；若以加工罐头的，则应选择球形整齐、脐平、出肉率高、削皮后无黄衣又耐贮藏的品种，另外也有多方兼顾的品种。适合当地生产的品种一是当地地方品种，二是经过试种成功的新品种。

品种选定以后，需根据农时生产种苗。目前，荸荠种苗有三个来源：（1）球茎苗（子插栽培繁殖的种苗）。所谓球茎苗，就是在秧田里育好苗，长到一定高度后直接带种球移栽到大田，一颗种球一株苗，特点是育秧期迟，秧苗期短，用种量大。这是古老而传统的育苗方法，一般于6月中旬育苗，7月中下旬大田移栽，12月初至翌年2月下旬采收。（2）分株苗（芽插栽培繁殖的种苗）。所谓分株苗就是在秧田里提早稀播，让其自然分蘖分株，然后利用其一级二级三级等多级分株苗进行大田移栽，陶汰母株，不带球茎。每一颗种球可育成上百株分株苗，特点是提早催芽，秧苗期长，用种量少。这是最近10年新兴的一种育苗方法，一般于清明前后催芽，5月上旬育苗，7月中下旬大田移栽，12月初至翌年2月下旬收采。（3）组培苗（利用现代科技工厂化生产出来的试管苗），特点是可以利用冬春低温进行室内突击快速繁殖，满足大批量生产需求；种苗不带病菌，田间长势旺盛，繁殖系数高，抗病性好，产量高、品质好。生产者可根据实际情况选择其中的一种来进行育苗。

无论采用球茎苗繁殖还是分株苗繁殖或是组培苗繁殖，都是先育苗后移栽。苗的质量直接影响到栽植后活棵期的生长状况、抵抗自然灾害和病虫害的能力以及球茎的个数和重量，最后影响到产量与品质。因此，培育健壮种苗成为高产优质的首要条件。

一、球茎苗育苗技术（子插栽培繁殖种苗）

1. 秧田选择及准备

荸荠秧田宜选择地势平坦、肥力均匀、排灌方便的水田，其土壤要求不漏水、不漏肥、不过于紧实。播种前 20~30d 灌水翻耕泡田，其间耙耕 2~3 次，播前 3~5d 结合基施再次进行细耙、整平，基肥用量每亩施过磷酸钙 25kg，复合肥 10kg；像做水稻秧田一样，畦面宽为 120~150cm，畦高 10cm，畦间沟宽 30cm，畦面要求泥烂、平整、不积水，四周留有畦沟并筑好围埂；秧田做好后及时关上水，播种前一天排干水待播。

2. 种荠选择

宜选择外形圆整、表皮光滑无破损、芽头健壮、个大均匀、单个球茎质量 20g 以上，并具有栽培品种特征典型的球茎做种荠。

3. 用种量

以大田移栽密度来计算用种量，秧田与大田的种球个数比为 1：1，即秧田一颗种球，移到大田就是一株大苗，如大田移栽密度为 100cm×100cm，即大田的种球个数为 667 个。如种球单个重为 25g，即每亩大田用种量为 16.7kg，加上 10% 损耗，实际用种量为 18.4kg。一般大田用种量为 15~30kg。

4. 种球消毒

种球是荸荠秆枯病病原的主要来源之一，带病率高达 55%，因此催芽前需对种球进行消毒处理。播种前先用清水将种球洗净，然后用 25% 多菌灵可湿性粉剂 500 倍液或 70% 甲基硫菌灵可湿性粉剂 800 倍液浸泡 20h，取出沥干后再播种。另有研究表明，用 25% 多菌灵可湿性粉剂溶液浸泡种球对荸荠枯萎病也具有一定的防治效果，防效达 23.3%（图 4-1）。

5. 育苗时间及催芽

（1）适时育苗 荸荠育苗时期要以大田移栽时期来推算，大田移栽时期又要根据作物的前后茬的衔接来确定。荸荠是严格的短日照作物，它所抽生的匍匐茎只有在秋季日照转到一定短日照后才能膨大形成球茎，否则它只能不断的分株不会膨大形成球茎，因而早种并不能早收。农民经过长期种植经验的积累，每个产区已形成比较固定的育苗时间，年与年之间差异不大。早水荸荠因前期气温低，一般

图4-1 种球消毒

在移栽前40~45d开始育苗，晚水荸荠因育苗时气温较高，在栽移前25~30d育苗。一般育苗时间在5—6月。浙江以南地区，气温较高，播种时已萌芽，无需催芽，直接拿种球育苗。浙江以北有些地区气温较低，育苗前最好在室内先催芽，再在秧田里排种育苗。

（2）室内催芽 在地面铺上10cm左右的一层湿稻草，将种荠顶芽朝上排列在稻草上，交错叠放3~4层，顶芽互不相碰，上面再覆盖湿稻草，每天早晚各淋一次水，保持湿润及10~15℃的温度，经7~10d后，当球茎芽长到2cm以上时，就可以把催好芽的种球移到秧田中进行育苗。

6. 秧田排种

将催好芽的种球一个一个地排入秧田，顶芽朝上，球茎摆放高低一致，并将种球按入泥中1cm，若芽头过长，可将沟边的烂泥糊上，最好以不见芽头为宜，种球间距一般为5cm×5cm，糊好泥后若畦面干燥可淋足水分，但畦面不能积水。有条件的前期搭棚遮荫保苗（图4-2）。

左：保持畦面平整、湿润、不积水；　中：将种球排入秧田；
右：糊上烂泥

图 4-2　秧田排种

7. 播后秧田管理

（1）搭建小拱棚覆盖遮阳网　种球移植后 10d 内若天气正常无需特别呵护，如遇高温强光暴晒和大雨袭击，要采取措施进行遮阳挡雨，或搭设荫棚，或搭建小拱棚覆盖遮阳网，10d 后可揭去覆盖物（图 4-3）。

左：搭棚遮荫，棚外；中：搭棚遮荫，棚内；右：育成球茎苗

图 4-3　搭棚遮荫

（2）浅水薄灌　排种后畦沟一直关浅水，沟水最满不能上畦面，畦面保持湿润即可。当顶芽出土转绿且短缩茎有新根长出时再灌水，保持水层 1~3cm。当秧苗长高 8~10cm 以后，保持 2~3cm 的浅水层，这样可以提高土温，促进秧苗健康生长。

（3）施肥　秧田前期荸荠生长的营养主要来自荸荠球茎，一般不需要施肥，若要施肥可在定植成活后施少量氮肥，每亩施尿素约 2.5kg，第二次在大田移植前 7d 每亩施复合肥 5kg。

（4）病虫害防治　秧苗移栽前 3d，用 50% 多菌灵可湿性粉剂 500 倍液喷施 1 次预防病害，用 20% 氯虫苯甲酰胺悬浮剂 2 000 倍液防治白禾螟。

（5）秧苗标准　到 7—8 月初，秧苗期 30d 左右，秧苗高 25~40cm，并具有 5~6 根叶状茎时就移栽大田。

二、分株苗育苗技术（芽插栽培繁殖的种苗）

采用分株苗繁育种苗，1 个种球能繁殖出 100 株以上分株苗，一株分株苗相当于一颗种球苗，因此用种量大大减少；按大田移栽密度 80cm×80cm 计算，球茎苗每亩大田用种量要 1 042 颗种球，而分株苗每亩大田用种量只需 20 颗种球（实际生产只需 10~15 个完好种球即可，可根据种植密度计算确定），球茎苗用种量是分株苗的 52 倍。用种量减少，催芽育苗用地、设施及用工时间减少，这对于以一家一户为经营模式的农户来说带来了极大的方便，利用田头地角催芽育苗，既省地方，又便于管理，同时也提高了育苗质量，为此农民很受欢迎。且分株苗移栽大田后还具有抗病力强、地下球茎生长均匀、大果率高、产量高等优势。

分株苗繁殖种苗分两个时期，即催芽期与秧田期。催芽方法有两种，一种是采用田间小拱棚薄膜覆盖催芽，另一种是利用泡沫箱进行催芽。

一般家庭荸荠种植面积在 2~5 亩之间，这样的面积采用泡沫箱催芽比采用田间小拱棚膜覆盖催芽方便实用；若种植面积超过 10 亩以上的大户，以采用原来的田间小拱棚膜覆盖催芽比较适宜。

1. 催芽期采用田间小拱棚薄膜覆盖催芽

（1）催芽时间　采用芽插栽培繁殖，因育秧期比较长，催芽期相应也要提前，不同地区因气温与耕作制度不同略有差异，一般在清明前后开始催芽。

（2）用种量　芽插栽培的用种量以每亩大田约 20 个种球的用种量来推算，具体要根据大田移栽密度、品种的分蘖分株特性及土壤肥力等情况来确定。

（3）苗床准备　清明前后，选择避风向阳、排灌方便、土壤湿润，前茬未种植荸荠的田头地角作苗床，播前将苗床地地面清理干净，锄松拍平，土块敲碎整平，苗床宽度 1.2~1.5cm（图 4-4）。

图 4-4　苗床准备

（4）种球消毒　与"球茎苗育苗技术"第 4 点相同。

（5）排种　将经过药剂处理过的种球按间距 1cm 进行排种（图 4-5）。

（6）撒施钙镁磷肥　在排好种的种球上面撒施少量钙镁磷肥（图 4-6）。

图 4-5　排种

图 4-6　撒施钙镁磷肥

（7）覆盖山黄泥　在钙镁磷肥上面再覆盖一层半干湿的干净山黄泥，或覆盖干净松散的轻壤土，厚度以刚能遮盖荸荠顶芽为宜。若覆盖土偏干，要适量洒水，使土壤呈湿润状态（图 4-7）。

（8）小拱棚薄膜覆盖　排种后搭建小拱棚覆盖薄膜，在苗床四周开排灌沟，并用泥土将小拱棚两侧薄膜压实（图 4-8）。

图 4-7　覆盖山黄泥

（9）苗床管理及出苗标准　小拱棚膜出苗前保持密闭，当日平均气温 15℃以上，中午打开两头棚膜通风换气 1~2h；随着气温升高逐渐延长通风时间，若持续高温，可在薄膜上打洞，或一端覆盖棚膜，一端揭开棚膜；移植前 5d 揭掉棚膜炼苗。期间若遇倒春寒或大风天气保持密闭；覆盖棚膜以后的整个催芽期不需施肥，但床面要保持湿润，若土壤偏干，出苗缓慢，催芽期会延长（图 4-9）、（图 4-10）。

图 4-8　覆盖小拱棚膜

出苗标准：到 5 月上中旬，催芽期 30~35d 左右，长出芽苗高 15~25cm，根从芽基长出时，就可移入秧田育大苗（图 4-11）。

图 4-9　揭膜或薄膜上打洞通风

图 4-10　棚内土壤太干燥，芽苗不易长高或会扭曲，影响按时移栽

图 4-11　移入秧田前的芽苗

2. 催芽期利用泡沫箱进行播种催芽

利用泡沫箱替代田间小拱棚薄膜覆盖催芽是荸荠栽培技术上的一个新举措，符合现代简便快捷的时代潮流。利用泡沫箱催芽与田间催芽相比具有六大优点：不依赖土地，管理便利可控、不怕刮风下雨、不怕土传病害、催芽期缩短 5~7d、秧苗素质提高。

（1）用种量　利用泡沫箱催芽的用种量为每亩大田用种量 20 个种球，与田间催芽相同。

（2）种球消毒　种球是荸荠秆枯病病原的主要来源之一，带病率高达 55%，因此催芽前需对种球进行消毒处理。播种前先用清水将种球洗净，然后用 25% 多菌灵可湿性粉剂 500 倍液或 70% 甲基硫菌灵可湿性粉剂 800 倍液浸泡 20h，取出沥干后再播种。另有研究表明，用 25% 多菌灵可湿性粉剂溶液浸泡种球对荸荠枯萎病也具有一定的防治效果，防效达 23.3%。

（3）播种期　与田间催芽相同，选择清明前后播种催芽。

（4）泡沫箱选择与改造　根据荸荠播种量的多少来确定泡沫箱的大小，同时要选用无菌无油污的泡沫箱，泡沫箱的高度最好在 8~10cm，高度太高会遮挡光线，造成徒长。高出的部分用剪刀等工具裁去，然后用清水清洗干净，凉干待用。

（5）基质的准备　播种前，选择干净、没有种过荸荠的疏松园土，园土的湿度可用加水的方法进行调节，以捏在手里能成团，落地自然撒开为标准（图 4-12）。

（6）排种　在泡沫箱底部，按照 1cm 间距排好种（图 4-13），然后用手将准备好的园土慢慢撒上（图 4-14），当泥土盖没荸荠种球时，再用手将泡沫箱轻轻的摇晃抖动几下，

图 4-12　基质准备

让基质自然往下沉实，使土壤与荸荠球茎紧密接触。若园土不够，

可再继续加些，直至全部盖住荸荠球茎为止，但荸荠上端的顶芽一定要露出来（图4-15）。若将顶芽全部盖住的话，会导致出芽缓慢，出芽不齐。

注意事项 泡沫箱底部不能先放土再排种，否则荸荠的根会往向下生长，不利移栽。

图4-13 空箱底部先排种

图4-14 排种后慢慢撒上基质　　　　图4-15 覆盖好后露出顶芽

（7）播种后管理　播种后喷洒适量的水，然后将泡沫箱搬到能晒到太阳的阳台上或放置在家门口，无需覆盖塑料薄膜。当基质表层稍有发白时喷洒适量水，一般一星期喷洒一次。整个催芽期无需施肥、打药，管理非常方便。

（8）芽苗移栽　当催芽期达到30~35d，芽苗高度达到15~30cm时即可移入秧田育大苗（图4-16）。

图 4-16 播种后 32d 的芽苗

3.秧田期

（1）秧田的选择与准备 秧田应选择地势平坦、排灌方便、土壤肥沃疏松的田丘，同时，秧田应靠近大田，便于定植时方便运苗。一般耕耙 2~3 次，使田土成泥糊状，最后一次耕耙时施入基肥，然后像做水稻田一样做好荸荠秧田，田面平整，水面保持 2~4cm，隔天后方可移植。因芽插秧田生育期长，分蘖分株数多，生长茂盛，因此一定要施足施好底肥，每亩可施腐熟有机肥 1 000~1 500kg、过磷酸钙 25kg、复合肥 20kg。

（2）秧田移植时间及方法 5月上中旬，将田间小拱棚或泡沫箱中育成的荸荠芽苗移栽到秧田里。方法：小心将芽苗连同球茎一起挖出，剔除叶状簇生而纤细的芽苗，同时剔除带有枯萎病的芽苗，注意保护好球茎，舍弃无球茎的芽苗；将芽苗连同种球垂直栽入秧田即可，秧田移植宜浅不宜深，浅栽以利多发分株苗，一般以 5cm 左右为宜（图 4-17）。

图 4-17 刚移入秧田的催芽苗

（3）移栽密度 秧田移栽密度为 100cm×100cm，或者 100cm×150cm，每亩移植芽苗 445~670 株。阔行的目的主要便于移栽时拔苗、运转及平时的秧田管理（图 4-18）。

（4）肥水管理 第一次在秧苗栽植后 7d，每亩施尿素 7.5kg；第二次在栽植后 30~35d，每亩施复合肥 15kg；第三次在出苗前 7d，每亩施尿素 5kg、硫酸钾 7.5kg。施肥要点：要撒施，不能集中施在根的附近，以免烧伤幼苗根部；发现秧苗自然发黄老化，要及时追施肥料。田间保持水深 2~4cm，整个秧田期不能断水（图 4-19）。

图 4-18　移栽后 35d 的秧苗　　　　图 4-19　移栽后 35d 施第 2 次追肥

（5）病虫害防治　秧苗栽植后 10d，用 25% 多菌灵可湿性粉剂 500 倍液喷雾 1 次预防发病，在大田移栽前 3d，用 25% 施保克乳油 1 500 倍液喷雾，以防治秆枯病；其间若发现有白禾螟危害，可结合防病加 5% 阿维菌素乳 1 500 倍液喷雾。

（6）移栽秧苗标准　到 7 月中下旬至 8 月初，当分株苗均匀地充满整块秧田，并且高度达到 50cm 以上、每株分株苗叶状茎 5~6 根时，即可起苗移栽到大田（图 4-20）。

左：大田移栽时的秧田；中：移栽时 1 个种球分株；右：移栽时 1 个种球拥有 4 级分株

图 4-20　移栽秧苗

三、组培苗育苗技术（工厂化生产试管苗）

荸荠是以球茎进行无性繁殖的作物，品种使用寿命为 5~10 年，长期不进行品种更新，会导致病虫害严重，产量和品质下降。而适合荸荠常规育种途径是利用芽变，但是荸荠芽变发生概率较低，且荸荠栽培密度大，即使发生芽变也难以发现；加上荸荠种子坚硬，发芽困难，杂交育种难度大；因此目前荸荠主栽品种大都是各地人工自然选择而形成的地方品种；这些地方品种由于长期采用传统的无性繁殖方法，造成荸荠种球种性严重退化，严重制约着荸荠产量和经济效益的提高，也影响荸荠产业的进一步发展。

荸荠种性退化主要表现为植株丛生矮化、结小球甚至不结球、畸形、花心、球茎底部开裂、抗病力减退、食味变差等。对荸荠的研究，以往多集中在栽培技术、生理生化等方面，虽能取得一定的成效，但不能从根本上解决荸荠球茎中病菌毒素长期累积问题，而利用茎尖组织培养技术可以解决无性繁殖引起的种质退化问题（图4-25）。

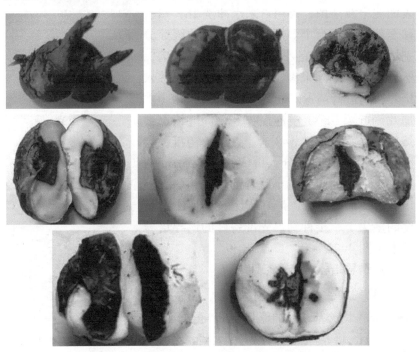

图4-25　种球退化表现：畸形、底部开裂、花心等

荸荠组培苗能保持传统品种的优良性状，具有植株生长势强、整齐一致、种苗不带病、适宜远距离运输、抗逆性好、大田分蘖力强、大果率高、产量高、品质好、球茎耐贮运等优势；组培苗与常规种球相比，一般产量提高15%~60%，大果率提高9%~20%。其果实具

有皮薄、脆甜、多汁、化渣、爽口等优良品质。下面介绍组培苗的生产过程。

1. 外植体选择与材料处理

选择色泽鲜亮、芽头健壮、单果重在 20g 以上，与原品种球茎典型特征（如整体形状、种皮颜色、脐部平凹程度、顶芽大小和侧芽大小等性状）相一致的荸荠球茎。先用 1.5% 洗衣粉溶液浸泡并搅拌 10~15min，洗净球茎表面泥土及杂菌，再用自来水冲洗 1h，然后移至超净工作台上。用小刀将顶芽或腋芽分别切取出来，切取的小芽先带一点球茎果肉，然后慢慢地剔除果肉，再将切取的小芽移入培养瓶内进行消毒。可用 0.1% 升汞溶液（内加几滴吐温 -80）浸泡搅拌 8~10min 消毒，然后用无菌水冲洗 5~8 遍，置于无菌接种盘上，吸干表面的水分，再次切出 3~5mm 的茎尖（切取的茎尖越小脱毒的效果越好，但培养的成活率越低，最好能切取 0.5~1mm 长度的茎尖），接种到事先准备好的诱导培养基上（图 4-22）。

2. 诱导培养与培养条件

诱导培养基配方为 MS+6-BA 1.0 mg/L，MS 为基本培养基，添加琼脂 6g/L、蔗糖 30g/L（下同），培养基通过高温高压灭菌。培养室温度为 $(25 \pm 3)℃$，光照强度为 1 500Lx，光照时间为每天 10~12h（下同），45d 后外植体逐渐分化出 2~4 个小芽（图 4-23）。

3. 增殖培养

将上述小芽切成小丛芽或单芽，接种到

1：将清洗好的种球放在超净台上；2：先切取带一点果肉的小芽；3：用升汞溶液消毒；4：切割更小的茎尖；5：接种到配好的培养基上

图 4-22　材料处理与外植体接种。

增殖培养基中培养。培养基配方为 MS + 6–BA 1.5 mg/L + NAA 0.05 mg/L，增殖周期为 35~40d，增殖系数达 8.2 以上，试管苗生长浓绿、健壮（图 4–24）。

左：接种后 12d；右：接种后 42d

图 4-23　诱导培养

左：正常增殖苗；中：增殖苗褐化现象；右：固体增殖培养与液体增殖培养对照

图 4-24　继代培养

　　与众多植物组培相比，荸荠褐化程度比较严重。由于褐化问题，严重影响组培苗的生长速度，甚至导致部分材料死亡，在继代过程中直接表现为切割困难、动作慢、化工多、母种浪费严重，继代周期明显延长等缺陷。因此如何克服和减少荸荠褐变发生是非常关键的一项技术。在培养基上，可加入 PVP（聚乙烯吡咯烷酮）、AC（活性炭）、VC（维生素 C）等进行试验研究。

　　增殖继代阶段可选择液体培养方式，在同一配方及培养条件下，液体培养的丛芽不仅增殖系数高，而且试管苗生长速度快、叶状茎粗壮浓绿。

4. 生根培养

把继代培养基中的丛生植株取出，剪掉上部叶状茎，将基部的芽分切成 1~2 个小丛芽，移入长根培养基中，生根培养基配方为 MS + NAA 0.1 mg/L + AC1000 mg/L，培养周期为 25~30d。生根苗生长快、生根早、发根快、生根多、无褐化。

事实证明，一定浓度的活性炭对荸荠的生长特别敏感、有效，在培养基中添加 1 000mg/L 的活性炭后，试管苗生长粗壮、浓绿、发根齐、发根早、生根快、生根多、无褐化，但几乎不增殖，很适合生根培养（图 4-25）。

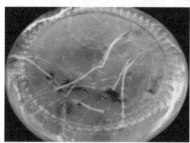

图 4-25 固体生根培养

生根培养阶段同样适合采用液体培养方式，与固体培养基相比，液体培养生长周期相近，但植株较粗壮，根系较发达，移栽成活率较高（图 4-26）。

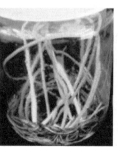

图 4-26 液体生根培养

　　总之，液体培养方式在继代培养与生根培养阶段优势明显优于固体培养，而且更加省工节本。因此在产业化生产中，应尽量选用液体培养方式。

5. 组培苗炼苗

　　当生根苗长至7cm以上，发根3~7条，每条根长2cm以上时可炼苗移栽。先移到自然光照和温度条件下的室内炼苗2d，第3d拧松瓶盖，第4d往瓶内加小量水，再斜放瓶盖，露一点空隙与空气接触，第5d完全揭开瓶盖，之后每天往瓶口喷些水，甚至可以炼至叶状茎上部稍发黄，10d后取出试管苗，用自来水将根部琼脂或溶液冲洗干净即可移栽秧田（图4-27）。

图4-27　清洗后的组培苗

6. 组培苗二段育秧技术

　　第一段是小苗密植、培育壮苗，一般在4月中旬至5月上旬开始育苗（也可用大田移栽时间来推算育苗时间），每平方米可育150多株，育秧期约30d。第二段是组培苗扩繁，一般在5月中下旬开始插植，繁殖时间大约60d，正常情况下，每株组培苗可繁殖20~50株生产用种苗。组培苗繁殖数与繁种时间、管理水平及病虫害防治有着密切的关系。

　　（1）小苗密植、培育壮苗（图4-28）

　　秧田的选择与整理：秧田应选择地势平坦、排灌方便、水源无污染的水田。秧田提前一个月翻耕，每亩撒施生石灰 75kg 进行土壤消毒，其间耙耕 2~3 次，使田土成泥糊状。移栽前 2~3d，亩施过磷酸钙 25kg，复合肥 5kg，耙匀耙平，待泥浆沉淀后起畦，象做水稻秧田一样，畦面宽为 120cm，畦高 10cm，畦间沟宽 30cm，畦面平整，保证畦面不积水，行沟内能储水，方便排灌。

图 4-28　小苗密植、培育壮秧

组培苗的移栽：将清洗干净的组培苗自然分株，避免伤根。晴朗天气，移栽在下午进行，防止晒伤幼苗。移栽时以浅插种稳为宜，一般插植深度为 2~3cm，株行距 10cm×10cm。移栽后搭建小拱棚，覆盖薄膜和遮阳网。

苗期管理：移栽后的前 3d 不开膜；3d 后拆除遮阳网。移栽后的前 10d，沟内保持水层，床面保持湿润。棚内温度过高时，打开薄膜两头，10d 后温度稳定在 20℃以上可拆除全部薄膜；新叶长出 3~5cm，床面可回水 0.5cm；大雨过后要及时排水，防止田水没顶，造成死苗。拆膜后喷药防病防虫，同时结合根外追肥，用 2‰~5‰ 的磷酸二氢钾溶液喷施，5d 一次，连喷 2~3 次；遇上高温阴雨天气，雨停后应立即喷药防病。30d 后苗高约 20cm，转入下一阶段。

（2）组培苗扩繁（图4-29）

整地与施肥：繁殖田的选择与处理，与育苗田相同。种苗移栽前一天施硫酸钾型复合肥15kg，过磷酸钙40kg，耙平田面使肥料均匀，保持水层2~5cm。

移栽：移栽前，从苗床小心带泥拔起组培苗；剔除杂、变异株；杀菌液泡根消毒；单株插植，株行距约为50cm×50cm，拉线分厢，4~5m为1厢，留工作行，便于田间管理。

肥水管理：移栽后，田里保持2~5cm水层，秧苗返青后开始追肥，每亩撒施高效复合肥5kg加尿素3kg，10d一次，30d后，亩施复合肥10kg，加适量钾肥，封行后控肥控水。移栽前10d停止施肥。

病虫防治：要以预防为主，综合防治为原则。坚持每10d喷一次杀菌、杀虫剂，连续2~3次；遇上连续雨天，雨停两个小时要立即喷药防病；封行后，要注意防止秆枯病、枯萎病的发生，移栽前5d，喷一次杀菌剂，带药到大田。

左：秧田稀植，组培苗扩繁；右：拔秧，准备移栽到大田

图4-29　组培苗扩繁

注意事项

（1）选择一代组培苗种植（从实验室培育出的试管苗）：一代组培苗能保持原来品种特性和优势，而二代组培苗（即用一代组培苗结的球茎作为种荠来繁殖的秧苗）有可能出现变异和分离，因此种植二代组培苗，必须选用个大球正的种球种植，不能用二代小个球茎种植，以便发现变异及时识别淘汰。

（2）严格除杂去劣：大批量生产组培苗，难免产生个别变异株出现，在试管苗培养阶段很难识别，在二段育苗阶段应认真做好去除变异株的工作，以免移栽大田后严重影响产量。田间变异苗的主要症状：苗期植株呈现淡绿色，矮小细弱，分蘖力强，呈丛状分株，围绕母株分株数多；成株期植株矮化，细弱发黄，叶尖枯萎，呈现早衰现象，结果多，个小，质劣（图4-30）。

图4-30　上图：荸荠组培苗变异株与劣株；中图：正常株和变异株比较；
下图：变异苗与正常苗颜色差异（左是变异苗，右是正常苗）

第五章

荸荠大田栽培技术

荸荠球茎苗、分株苗、组培苗三种种苗大田移栽前的田块选择及准备工作相同，但不同种苗的起苗与移栽方法及移栽后的前期管理略有差异，整个大田期的肥水管理及病虫害防治技术基本相同。

一、田块的选择与准备

选择排灌方便，水源充足、洁净，光照充足，地势平坦，土壤肥沃，表土疏松、底土较坚实，耕作层20cm左右，远离污染的沙壤土到壤粘土的水田种植。在砂壤土中栽培的荸荠，球茎入土浅，大小整齐，肉质嫩甜；在青紫泥田中生长的荸荠，球茎入土较深，球茎较大、圆整，肉质细嫩、脆甜，皮色较深；在重粘土中生长的荸荠，球茎小，不整圆；在腐殖质过多的土壤中生长的荸荠，肉粗汁少，皮厚色黑，缺乏爽脆、清甜的风味；在培沙土中生长的荸荠，球茎入土浅，球茎数多，个特小，不圆整，该土不适宜种植荸荠。

传统的方法一般采用一犁三耙，精耕细整。通过提前耕耙，翻压田间杂草、绿肥及有机肥料，一般提前20~30d，耙耕2~3次，耙田不宜深，15~20cm为宜，使田土成泥糊状。目前，这些田间作业多数采用旋耕机来完成（图5-1）。最后，全部基肥施入后再耥平、关好田水等待移栽。

图5-1　旋耕机使田土成泥糊状

二、基肥的种类与用量

荸荠大田生长期长，要想获得高产，首先要施足基肥，科学施肥。基肥以有机肥为主，化肥为辅，迟效、速效肥搭配，氮、磷、钾齐全。有机肥要早施，以绿肥、土杂肥、饼肥（亦可作追肥）、人粪尿、牛粪肥等为宜，不宜施用猪栏肥，猪栏肥会使荸荠球茎芽变长，口味变淡、口感变硬、品质变差。基肥用量一般每亩施用腐熟有机肥 1 000~1 500kg、硫酸钾型复合肥 25kg、过磷酸钙 15kg、钙镁磷肥 20kg、碳酸氢铵 50kg，另外，可加微量元素硼锌肥 1.5kg。绿肥等有机肥应在移栽前 30d 左右翻耕压土，让其腐烂。其他肥料应在秧苗移栽前 3~5d 施入田中，施后再用工具耥平待种。

三、土壤的合理改良

随着农业种植业结构的调整及大环境的影响，大多荠农长期不施用有机肥料，过量施用化肥，加上有些农民注重眼前利益，长期连作，造成土壤有机质含量降低、土壤板结，缺氧，微量元素缺乏，土壤贫瘠化程度越来越严重，结果导致荸荠抗性差、病害重、产量低、品质差、商品率低。因此，要根据不同的情况，从早抓起，做好土壤合理改良。

（1）实行轮作 荸荠忌连作，如连作则球茎不易膨大，产量低，病害重，同时不易收获，因此最好实行 2~3 年轮作，以减少病害。

（2）施用石灰 施用石灰不但有调节土壤酸碱度的作用，使土壤达到作物适宜的酸碱度，还可释放土壤中被固定的营养元素，增强地力，并且消毒杀菌的效果也很好。长期未施过石灰的荸荠田，建议在大田翻耕时，先每亩施生石灰 75~100kg 沤田，5~7d 后结合基肥撒施敌磺钠 2.5kg，对枯萎病防治效果好。

（3）施用酵素菌肥或生物有机肥 据报道，在荸荠上施用酵素菌肥、生物有机肥、生物有机—无机复合肥，能改良土壤结构，改善土壤理化性能，激活土壤被长期固化的营养元素，提高土壤供肥能力，肥效持续时间长。分泌的有机酸能抑制有害病菌，预防或减

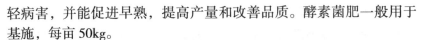

轻病害，并能促进早熟，提高产量和改善品质。酵素菌肥一般用于基施，每亩 50kg。

（4）应用土壤改良剂　土壤改良剂的种类有很多，如微生物土壤改良剂、抗重茬土壤改良剂等，有些生物肥料也掺有土壤改良剂作底料，一般含有丰富的微量元素、有益生物等。土壤改良剂能有效转化底肥、释放出小分子养分与活性因子、改良土壤肥分、调节土壤 pH 值、改善土壤团粒结构、营造有益菌群优势，解除化肥、农药及有害因子对土壤的破坏、克服连作障碍等作用。一般配合基肥施用，使用方法可根据不同种类的土壤改良剂的使用说明。

四、移栽时间及密度

1. 移栽密度

获得理想产量、品质、效益的种植密度常受地理环境、土壤条件、肥力水平、品种特性、栽种时间影响而有所不同。据文献报道，各地荸荠种植密度（行株距），湖南衡阳 50cm×33cm、安乡 50cm×50cm，广西荸荠（80~30）cm×（80~50）cm，其中广西平乐（50~60）cm×（40~55）cm、南宁（30~50）cm×（30~40）cm、桂林 43cm×40cm，福建霞浦 50cm×50cm、连城 40cm×40cm、浦城 80cm×80cm、建瓯 60cm×50cm，江西信丰（80~100）cm×（40~60）cm，安徽庐江 40cm×33cm，江苏苏州早茬 90cm×90cm、中茬 80cm×70cm、晚茬 70cm×60cm，浙江余杭 80cm×90cm、永康 100cm×100cm、黄岩 110cm×110cm。总的感觉，随着栽培水平的提高，移栽密度有向稀植方向发展的趋势。通过试验，在浙江黄岩移栽密度以 110×110 厘米最好，过密与过稀都不利于可溶性固形物的积累和最后经济效益的提高。

2. 移栽时间

荸荠适宜的移栽时间范围较广，早的可从 5 月开始，迟的可到 8 月初移栽，但最迟不过立秋关，条件许可的情况下，以适宜早栽为好。具体要根据不同的地方、不同茬口安排来确定。长江中下游地区，6 月中旬到 7 月底都适宜移栽，早茬 6 月中旬移栽，中茬 7 月上中旬移栽，晚茬 7 月底移栽。广西地区荸荠大田移栽时间在 7 月中下旬至 8 月初。

据多年田间试验,浙江黄岩以7月18—22日移栽最适宜,产量高,秆枯病轻。如过早移栽,营养生长期长,分蘖分株过旺,田间郁蔽,湿度高,通风透光差,秆枯病等病害严重,影响地下球茎的膨大和整体产量;过迟移栽,因分蘖期及营养生长期短,易出现分蘖分株数不足及植株生长矮小的情况,球茎少而小,产量低。

五、大田移栽方法

1. 球茎苗的起苗及移栽

球茎苗起苗时要小心将秧苗连同球茎一并挖出,注意剔除叶状茎簇生且纤细的雄荸荠苗,以及球茎有感染枯萎病的病苗、弱苗。秧苗挖起后洗去泥土,用25%的多菌灵可湿性粉剂500倍液,或用甲基硫菌灵可湿性粉剂800倍液浸根1~2h再定植,以减少大田病害的发生。移栽时将球茎苗垂直定植到大田里,插植不宜过深,以球茎入土8~10cm深、根系搭着泥为宜。插植较深则分蘖慢,但形成的球茎较大;插植过浅则分蘖快,易引起田间密度过高,球茎小,叶状茎易发病和倒伏。阴雨天移植最好,如晴天应在早晨或15时以后移栽(图5-2)。

左:球茎苗起苗;右:垂直移栽

图5-2 球茎苗起苗与移栽

2. 分株苗起苗

从秧田里挖起带泥的分株苗,以2~3个分株苗连在一起作为一株(即一株大苗,连带1~2个附蘖)为好,折断分株苗之间的匍匐茎,一般不用母株。起苗过程中,尽量保护好叶状茎,不使折断。用箩筐等盛放转运，及时拿到准备好的大田里栽种，要求当天起苗当天移栽（图5-3）。

图5-3　分株苗的起苗

3.分株苗"斜平插"技术

将2~3个分株苗捏在一起，倾斜插入土中，或者将其中的大株倾斜插入土中，其他小苗就近按压在泥中，入土10~12cm，倾斜角度为30°~60°（图5-4）。

图5-4　分株苗的"斜平插"技术

分株苗的移栽特点主要表现为"斜平插"，这与球茎苗移栽技术完全不同。因为荸荠的移栽季节是一年中气温最高的7月，分株苗是不带种球移栽的，如果垂直插秧的话，若遇到高温干旱、阳光猛烈等不良天气，整个植株很快就会干枯甚至死亡，移栽后返青慢，移栽成活率低。因此分株苗的"斜平插"是一个非常关键的技术环节。

4.割梢头

移栽时，若秧苗过高或遇大风天，可在离叶状茎基部50cm处割去梢头，以防止栽后风吹摇动植株而影响扎根或招风吹折（图5-5）。

左：离基部 50cm 处割去梢头；中：割梢头移栽苗；右：未割梢头大田移栽苗

图 5-5 割梢头

六、田间管理

1. 中耕除草

中耕除草十分重要，秧苗移栽成活后，可结合施肥中耕除草 2~3 次，既可达到除草的目的，又可增强土壤通透性提高肥料利用率。结合中耕除草可进行查苗补苗、拔除发黄叶状茎及球茎腐烂苗、去除浮苗等。中耕除草多在第一、第二次分株期间进行，每分株 1 次，中耕除草 1 次；在第二次中耕除草后可晒田 1~3d，复水时施肥，促使根系生长，促进分蘖分株，确保有效分株数。

2. 人工除草

一般在定植后 15d 左右，结合第 1 次追肥进行中耕除草，同时要进行查苗补苗，及时补足田间基本苗数。中耕的方法应以荸荠苗为中心，弄碎泥块，疏松泥土，整平土层，让泥土与植株根部充分接触；拔除杂草，并将杂草、病茎等埋入土中。若"球茎苗"的种球外露时（幼苗呈现盆状生长），表明栽种过浅，要用手将种球稍压一下；如种球下沉、栽培过深的"球茎苗"，必须用手伸入土中，轻轻地将幼苗向上挑一挑，使分蘖节不要淹水过深。第 2 次中耕除草时可结合施肥、去浮苗、拔除病弱株以及去除枯黄茎叶等，并将其杂草、浮苗、病株枯枝踏入泥中，或及时拿到田外处理。到荸荠分蘖分株后期，如发现植株生长过密，影响通风透光，并预计可能会因生长过密造成倒伏的田块，可结合中耕，拔除一部分多余的弱苗。田间操作时要多加小心，植株封行前 10d 停止，避免损伤地下匍匐茎及植株（图 5-6）。

左：拔除病株枯秆并将拿到田外销毁；右：田间植株生长过密，拔除一部分弱苗

图5-6　人工除草

3.化学除草

荸荠对绝大多数除草剂敏感，所以最好采用工人除草。在使用除草剂时要特别注意，绝不能选用对莎草科植物有影响的除草剂。根据多年来的使用经验以及对各种除草剂的性能分析，可用以下两种方案进行化学除草（没有使用过除草剂的先小面积试验再大面积推广）：

第一种方案：亩用10%氰氟草酯乳油（千金）50ml，对水30kg，在荸荠移栽后7~10d内喷雾。施药前排干田水，药后1d复水，并保水3~5d。

第二种方案是在移栽后7~10d内的保水期间，亩用50%丁草胺乳油60ml，拌细泥土或化肥撒施。

4.去浮苗

"分株苗"移栽时，1株大苗常带1~2个小苗，这些小苗可能在种植时没有将根部按压在泥土下方，或者是没有及时抹平抹实小苗根际泥土，或者是由于在前期的生长过程中，个别小苗根部逐渐上移等原因，导致小苗的根系没有往土里生长，而是漂浮在泥土表面的水中。这种小植株叶状茎细小，常与母株相依或缠绕在母株上，稍加观察容易识别，这种苗我们把它称为"浮苗"。这些浮苗大多只会吸收养分，很少扎根生荸荠，霸占生长空间，土壤养分又被吸收，所以应及时去除。去浮苗的时间大约在移栽后20~25d，即每一母株有2~3个明显分株时开始去田间检查，发现有浮苗可用镰刀除去，不可用手拉。可结合中耕除草剔除变异株、杂株及老化植株（图5-7）。

左：浮苗依附在母株上；中：用手稍提起，浮苗的根部漂浮在水中；

右：正常苗与浮苗比较

图5-7　去浮苗

5. 分蘖期割除母株防病增效技术

一般田间发病都是从母株丛开始，荸荠大田分蘖期割除母株是一项降低病原菌基数，杜绝母株发病，减少病菌感染，拓展球茎生长空间，防止倒伏，提高产量，操作简易而行之有效的新技术。

技术要点：大田移栽后35~45d，当每一母株平均分株苗达到10~12株（其中大于35cm高的分株苗6~7株），用镰刀从土表下1~5cm处的基部割去母株地上部全部叶状茎（图5-8），再将割下的叶状茎收集到田外销毁。割除母株的同时结合施入追肥，最好在割除前3d或割除后3d施入为宜，每亩施复合肥约15kg。

左：割除前的荸荠植株；中：用镰刀齐泥割除；右：割出的母株

图5-8　割除母株

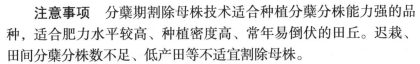

注意事项 分蘖期割除母株技术适合种植分蘖分株能力强的品种，适合肥力水平较高、种植密度高、常年易倒伏的田丘。迟栽、田间分蘖分株数不足、低产田等不适宜割除母株。

6. 大田追肥

（1）施肥原则 科学追肥，应根据不同的土壤类型、不同的肥力水平、不同的田间长相长势等使用不同的肥料种类与施肥量，施肥的时间与次数也有较大的差别。据调研，不同的追肥模式，结果都有高产优质的例子，所以荸荠没有固定的高产模式，大家可以边种边摸索。但总的原则是：前期以勤施薄施，氮磷钾配施为原则，中后期增施磷钾肥，整个生育期不能缺钾；若历年有出现生理性红尾的田块，可配施适量微量元素硼锌肥 2~3 次，以提高植株抗逆性和抗病性。

（2）施肥方法及施肥量 追肥一般可分 3 次进行，第一次在移栽成活后 10~15d 施分蘖肥，每亩施复合肥 5kg、尿素 5kg；第 2 次隔 15d 左右（处暑前后），施分株肥，每亩施菜籽饼 50kg、硫酸钾型复合肥 15kg；第 3 次施结荠肥，在秋分前每亩施菜籽饼 50kg、施硫酸钾型复合肥 20kg、硫酸钾 10kg。以后是否再追肥可要根据植株生长情况而定，若田间植株老化，茎叶颜色灰暗，明显肥力不足，可再施一次肥料，但在寒露后不宜再施肥，避免引发植株徒长及倒伏，影响球茎膨大。

注意事项 施用化肥宜在露水干后撒施，以免沾着茎叶造成灼伤，田间水层 1~2cm。

（3）荸荠常用肥料种类 见图 5-9（与肥料的品牌无关）。

7. 水分管理

荸荠大田生长期间，总的需水规律为中期高，前期与后期低，需水高峰偏后。最大需水期是球茎膨大期，其次是开花结荠期，分蘖分株期和成熟期的需水量相对较小。水分条件在不同生育阶段对荸荠的耗水强度有不同的影响，前期影响较小，中后期影响较大。

（1）按不同生育时期掌握灌水深度 移栽、返青期：早水荸荠因为早栽，当时气温不高，应浅水灌溉为宜，以 2~3cm 深为适宜；伏水荸荠及晚水荸荠，大田移栽时正值高温季节，缺水易使地表温度高而灼伤幼苗，故应灌深水保苗，以 5~7cm 深为宜。

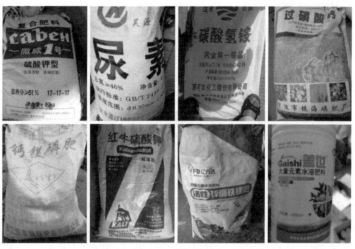

图 5-9　常用肥料

分蘖分株期：秧苗成活后要做到干干湿湿、浅水勤灌，以利扎根发棵，保证基本苗数，以水深 2~3cm 为宜；分蘖后期如出现徒长趋势，可适当露田或晒田。晒田时最好选择阴天或气温较低时进行。

开花结荠期：此期为需水敏感期，不能断水，但宜浅不宜深，以利于匍匐茎向下生长，早形成球茎，以灌水 4~6cm 为合适。封行后，应灌 6~8cm 水层控苗，抑制无效分蘖的发生，减少养分消耗，促进养分向球茎转运。

球茎膨大期：此期为需水高峰期，以灌水 6~8cm 为宜；此后，田间水层逐渐下落，保持田间干干湿湿抑制过旺生长。

成熟期：以间歇灌溉为主，采用自然落干后再灌水，水深 0~3cm 为宜，采收前 20d 排干田水，促进光合物质向球茎传输，提高甜味，以便收获。

（2）按不同要求掌握排灌　荸荠生长期间，如遇高温干旱，水位适当加深；遇到刮西北干风天气，做到深水满灌，但过后及时排水恢复，以免长时间灌深水导致倒伏；通常水温高达30℃以上时，灌水应早晚进行，防止热伤。9月下旬后，寒潮来临时要注意灌水护苗，过后及时排水；每次追肥时，先把水排浅再施肥，待肥吸入土中后再灌水至原来深度；荸荠田如浮萍过多或施有机肥过多呈糊状时，可结合晒田排水，以利于泥土沉实，通气排毒，促进根的生长；晒田要适度，以晒至田面湿润小开裂为宜，结面后立即复水，晒田时间为2~3d，不超过5d。在田间越冬的球茎，冬季仍须保持1~2cm的水层，以免土壤发生裂缝，漏入雪水，使球茎受冻。

七、采收与贮藏

荸荠采收和贮藏技术基本上还在沿用着传统的方式，特别是荸荠的采收，同样以手工劳作为主，劳动强度大，采收期往往无限期延长，严重影响产品贮藏时间与产品质量。如何科学采收与贮藏商品荸荠，对调节蔬菜淡季、提高其商品价值和增加经营者收入都有着十分重要的意义。

1. 荸荠的采收

（1）采收的时期与标准　确定采收期的基本依据是：地上部分叶状茎枯黄倒伏，地下球茎停止膨大、生长，球茎皮色由乳白色转为深红褐色，球茎含水量降低、淀粉含量高、食味甜（表5-1，图5-10）。按照历年的经验，荸荠采收的最适时期为12月中旬至翌年2月中旬。

表5-1　荸荠成熟度识别

项目 种类	地上茎 状态	球茎着生牢 固度	球茎 皮质	球茎 皮色	肉质 成分	口味 糖度	贮藏
嫩荠	青秆 黄熟	牢固	皮薄	乳白	水分含 量高	味淡糖 分低	不耐贮藏 易腐烂
成熟荠	倒伏 枯萎	易脱落	皮厚	红褐色	干物质 含量高	味甜糖 分高	耐贮藏

左：球茎生长前期，球茎白色，未成熟；中：球茎生长中期，球茎淡黄色，未成熟；
右：成熟期，球茎深红褐色

图 5-10　不同时期采收荸荠球茎对比

　　若提前采收，地上叶状茎青绿，地下球茎颜色较淡，皮薄肉嫩，糖分含量低，味淡质差，容易腐烂，不耐贮藏。

　　若无限期的延迟采收，荸荠球茎呼吸作用加强，营养物质不断消耗，淀粉含量逐渐减少，糖含量下降，食味差，水腥味变浓，种皮增厚，皮色加深（与隔年荸荠相似），容易萌芽，商品性下降。

　　采收时还要根据天气、土壤、气温等变化情况灵活掌握。一般先收贫瘠、沙性地块，后收肥水充足的地块；先收早熟地块，后收晚熟地块，留种用的种荠可以后收。荸荠的采收期比其他一般作物要长，有的农民从 12 月初就开始采收，一直采收到第二年清明球茎发芽前，农民习惯收一点卖一点，但清明之前一定要结束采收。

　　（2）采收方法　目前荸荠采收主要通过人工作业来完成，机械化程度低，劳动强度大，效率低，荸荠收获难已成为其扩大种植规模的主要瓶颈。因此，研制一种适宜荸荠采收的机械，将农民从繁重的体力劳动中解脱出来成为荸荠产业亟需解决的问题。就目前而言，荸荠采收方法有四种：一种是借助疏齿耙等工具进行采收（最常用也是最传统的采收方法），第二种是纯手工采收，第三种是半手工半机械采收，第四种是机械采收（尝试阶段）。

　　借用疏齿耙等工具采收图（5-11）：这种方法适用于田间比较容易干燥，后期天气比较晴好的情况。采收前 10~20d 将田里的水放干，采收时以土壤不粘采收工具为标准，用疏齿耙或钉耙等专用工具挖取荸荠球茎。荸荠一般生长在地表以下 9~25cm 的土层中，采收时用工具扒开泥土，看到荸荠之后再用手仔细挖出球茎，然后查看一下扒开的底层是否留有荸荠。无论那一种采收方法，挖前都要先剪去指甲，以防球茎破损，或套上防水手套。挖取的带泥球茎，摊置荫凉处至七八成干为宜，然后进行贮藏。商品荸荠在适宜采收期内可连续挖取，陆续贮藏。

左：翻转土块后的地下球茎；右：改进的疏齿耙

图 5-11　借用疏齿耙等工具采收

纯手工采收（图 5-12）：这种方法适用于田间长期积水的低洼田块或后期多雨水的烂泥田采收，最适宜于土壤松软的青紫泥田采收。最近 10 年，在浙江台州、宁波奉化等地非常流行这种采挖方法。据调查，这种采挖方法具有进度比较快、对荸荠球茎无损伤等优点。具体方法：采收前一天先放掉田水，第二天在下田前穿上水田靴，戴上防水手套，携带畚箕、水桶、塑料脸盆之类的盛具。下田后将其中的一盛具放在右前方半米距离的地方，先用手拔除地上茎秆（球茎成熟后，地上茎秆枯死，稍加用力极易拔起），放到身体后边（有的先用铁锹把上层土锹掉再挖），然后将双手插入泥中，将大块泥土往后翻开，再用手仔细捏出球茎，再将球茎放在携带的盛具内。盛具放满后，担到田外，先在近边的田头地角或路边找些空置的地方，摊上编织袋等，将连泥带水的湿荸荠平摊在上面，挖一点摊一点，等球茎表面烂泥失水出现小裂缝能后再拿到家里进行摊晾。

图 5-12　纯手工采收

　　半机械半手工采收（图 5-13）：在挖掘机铲斗前方装一个铁制的疏齿耙，司机操作时把控好挖掘距离与切土深度，按顺序将泥土一块块切出来，农民可跟在后面在翻切好的土块中翻捏出荸荠。诸如此类的采收方法，省去了最费力的翻土这一程序，与传统的采收方法相比也算前进了一步。

左：利用铁制的疏齿耙翻切土块；右：农民跟在后面翻捏荸荠

图 5-13　半机械半手工采收

机械采收：国内外关于荸荠采收机方面的研究较少，市场上还没有成型的装备用于荸荠采收。目前，尽管已研制出一些采收装备，但只停留在试验示范阶段，至今为止没有适宜的、性能可靠的荸荠收获机。主要存在采收技术不成熟、功能单一、应用范围有局限性、荸荠损伤较大等问题，所以未能大面积推广应用。随着现代农业的发展，需要改变传统落后的农业生产方式，相信有关科研人员不断攻关、探索，荸荠采收机械化的目标很快就会实现。

2. 荸荠的贮藏

（1）贮藏前准备与处理　贮藏场所要选择在地势较高、温度变化较小、土质坚实、运输方便的地方，并且确保场地无鼠害、不漏水、不渗水。

贮藏前要做到"三去除"：去除球茎表皮上的泥土和杂物，以自然落泥为好，去除病、伤球茎，去除隔年荸荠，隔年的荸荠颜色较深、味变淡、质地变硬，食味差，基本上丧失商品性。同时，贮藏前还要做到"三分开"：不同的收获期最好分开贮藏，不同的品种要分开贮藏，大小不一的产品要分开贮藏，以利分别出库、分类包装出售。

（2）荸荠贮藏的最适温湿度　荸荠一般适宜在低温、相对湿度较大的环境中贮藏。荸荠适宜贮藏温度为1~10℃，相对湿度为98%~100%。当温度低于0℃时，荸荠易冻熟，此时需防冻保暖，顶部可盖尼龙薄膜或稻草等覆盖物，当温度高湿度大时，要揭开上面的覆盖物进行通风降温。

（3）常用的贮藏方法

堆藏（图5-14）：适宜大批量贮藏。选择室内靠近墙角的泥土地面为宜，其大小可根据贮藏数量而定。首先，在地面铺上干细土一层，然后沿着墙角两边用砖截成长方形或正方形池槽，四周围上草席或旧布，将荸荠层层堆放，堆高最好不超过

图5-14　堆藏

1.2m，堆放后上面覆盖细土，以不露出荸荠为宜，堆的中间顶部插放一个竹筒之类的出气筒，以利通气除湿。

陶缸贮藏保鲜（图5-15）：此法贮藏期长，适用小量产品贮藏，或种用贮藏。先将陶缸用清水冲洗干净、晾干，置于室内干燥、通风处。荸荠采收处理后，将荸荠置于大陶缸中（不可用腌过菜的陶缸）。每缸贮量约100kg，贮满荸荠后将陶缸口加盖。贮藏于陶缸中的荸荠在贮藏前期呼吸作用旺盛，

图5-15　陶缸贮藏

须揭开缸盖通风透气，散发缸内水分；在阴雨时节，因空气中的湿度大，荸荠体内含水量会迅速增加，应及时揭盖排湿；炎热高温季节，因水分蒸发快，要及时加盖，以防荸荠球茎体内水分蒸发而引起干腐；在气温低冷的冬季，缸内要覆盖一层稻草保暖，以防低温冻伤腐烂。这样贮藏的荸荠保鲜期可以达到半年以上。

窖藏：旧窖贮藏前，应在窖底及窖身喷25％的多菌灵可湿性粉剂或40％甲基硫菌灵可湿性粉剂400~500倍液消毒。窖底铺一层细土，每贮25~30cm厚的荸荠，撒上一层干细土，如此一层荸荠一层土，直至离窖口20cm为止，封干细土填口，再用30cm厚的泥土封顶成馒头形，盖过窖口、拍实。并在窖的四周、距口30cm处，开挖有一定坡度的排水沟，使雨后能及时排水，不使积水渗入窖内。可贮藏2~3个月，并需定期检查。

叠包贮藏（图5-16）：此法适用于产品随时准备出售，或短期贮藏。具体为：选择靠近墙面的室内贮藏，荸荠整理好后，用有内膜的清洁编织袋装好荸荠球茎，扎紧袋口，一包一包挨着墙壁垒堆，垒好后用薄膜封堆。遇到气温高、湿度大时可揭膜散热，遇到低温时可在薄膜上面加盖稻草、旧毛毯等保温。

左：量少可竖着放；右：量多可横着叠，遇到低温时盖上旁边的旧毛毯保温

图 5-16　叠包贮藏

冷藏：适合南方荸荠规模化生产或温度较高的地区。先将采收好的荸荠装在麻袋或竹篓内，然后在篓底填垫防水材料，放于冷库中贮藏。温度控制在 0~2℃，相对湿度保持在 98%~100%。贮藏时要在麻袋外进行定期的喷水，一般 5~10d 喷 1 次，保持合适的湿度。

溶液保鲜：将荸荠去除杂物，清洗后迅速浸入次氯酸钠溶液中贮藏。据试验，使用此法，在温度处于 0~2℃，相对湿度 90%~100% 条件下可保鲜 10 个月；在 5℃以下可贮藏保鲜 6~8 个月。保存的时间会随温度的升高而缩短，所以要尽量将温度控制在 2℃以下的适宜低温内。

田间贮藏：此法是适合于农民用工紧张、贮藏场地有限的一种贮藏方法，就是让荸荠留在地下，随挖随卖，一直到翌年清明前。有些农民以荸荠开始萌芽为最迟采收标准，因为不同的年份、不同的品种萌芽的时间差别较大，因此要根据实际情况来确定。

但不论哪种贮藏方法，都不能贮藏太久，贮藏太久会影响食味，影响品质（图 5-17）。

图 5-17　不同贮藏时间球茎外观、肉质对比

八、繁种技术

1. 浸种催芽、严把出苗关

（1）浸种催芽　荸荠秆枯病主要是种球带菌或田间遗留的病株残体传播引起，因此在播种催芽前必须进行种荠处理。先用清水洗净种球表面杂菌和泥土，再用 50% 多菌灵或 70% 甲基托布津可湿性粉剂 1 000 倍液浸种 20h，然后用清水洗净并晾干表面水分再播种。播种至出苗期间，除了日常田间管理外，要经常揭膜观察，及时除去弱株、病株、异常株。

（2）严把出苗关　小心将芽苗连同球茎一起挖出，剔除叶状茎簇生而纤细的芽苗，同时剔除带有枯萎病的芽苗，注意保护好球茎，舍弃无球茎的芽苗。

（3）出苗标准　5月上中旬，催芽期 30~35d，长出芽苗高20~30cm，根从芽基长出时，就可移入秧田育大苗。

2. 培育壮秧

（1）优选田块　荸荠田宜选择土层深厚、底土坚实、保水保肥、肥力中等以上，没有种过荸荠的田丘，且该田丘自流或机灌条件好、水体洁净。秧田移栽时间为5月上旬，移栽密度为 120cm × 140cm。

（2）加强田间管理　因芽插秧田生育期长，因此一定要施足施好底肥，底肥以有机肥为主，配合施用化肥。追肥宜轻施勤施，以尿素与复合肥为主，整个秧田期不能断水，且注意病虫的防治，特别是移栽前喷一次药，做到带药下田，防止移栽时伤口感染。

（3）严把移植关　从秧田里挖起带泥的分蘖苗，以 1~3 个分蘖苗连在一起作为一株（丛），然后折断分蘖苗与母株之间的匍匐茎，防止折断叶状茎，用箩筐盛放转运，及时拿到准备好的大田里栽种。起苗的剔除弱苗、病苗、异样苗，留下壮苗移植。

3. 大田期优选田块，加强健身栽培

（1）优选田块、确保品种纯度　田块宜选择土层深厚、底土坚实、保水保肥、肥力中等以上，轮作3年以上或没有种过荸荠的田丘；整田时将遗留在田中的荸荠打捞干净，并且铲去田边沟边野荸荠和

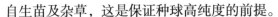

自生苗及杂草，这是保证种球高纯度的前提。

（2）加强健身栽培、保证种球质量　适时迟栽，避开秆枯病发病高发期，宜选择 7 月 20—23 日移栽；合理密植，加强田间通风透光性，繁种田密度与当地大田密度相似；科学管理肥水，改善植株生长状况，提高抗病虫能力，重施基肥，特别是有机肥施用，前期不偏施氮肥，结球期加施氮、磷、钾肥料，不使后期脱力；排灌分开，避免串灌、漫灌，以防病菌扩散；发病高峰期，抓住适期及时喷药防治保护。

4. 适时收获、做好两次选种

当地面茎叶枯萎倒伏、地下球茎停止生长，完全进入休眠期时即可采收，适宜的采收期为 12 月 20 日至翌年 1 月底，这段时间采收荸荠球茎不仅产量高，还较耐储藏，含淀粉量高。最好晴天采挖。收获前观察田间生长后期植株，将地上部植株群体生长整齐一致、分蘖力强、无倒伏、无病虫为害的范围定为留种保护区，此为初选，初选对荸荠来说特别重要。荸荠收获时，从留种保护区内选取外形端正、大小均匀、表皮无破损、无病虫害、无溃烂、芽头短壮、皮色深红、单球茎重 25g 以上且具有该品种特征的球茎进行留种，此为复选。

5. 贮藏期管理

将采挖的种荠带泥晾晒 1~2d，待表面附带泥土自行脱落，球茎表面稍风干后，用细沙隔层覆盖堆放通风阴凉处。有条件的最好采用陶缸贮藏，缸底先放 1 层干细沙，然后按一层荸荠一层沙进行贮藏，然后盖上缸盖，但勿密封，这样既可保鲜又可防鼠害。贮藏期间，定期翻动查看，及时剔除霉变、腐烂、失水等劣质种球。

第六章

荸荠病虫害防控技术

荸荠病害很多，有荸荠秆枯病、荸荠枯萎病、荸荠茎腐病、荸荠白粉病、荸荠锈病、荸荠灰霉病、荸荠小球菌核秆腐病等，其中以荸荠秆枯病、荸荠枯萎病最为严重。荸荠虫害比较单一，以白禾螟为主要害虫。

防治原则是以预防为主，综合防治为原则。要做到交替用药、复配用药，防止病虫产生抗药性。

一、病害识别与防治

1. 荸荠秆枯病

荸荠秆枯病俗称"荸荠瘟""马蹄瘟"，属真菌性病害，该病广泛分布于荸荠产区，整个生长期都会发生。病害来势猛，扩散快，适宜的环境条件可在 3~5d 内突发成灾，属毁灭性病害，被许多群众称为是可防不可治的病害。只要能防治秆枯病，荸荠的其他病害一般均可兼治。荸荠受害后茎秆枯死，受害轻者结小球，果实畸形，品质下降，产量锐减；严重时田间一片倒伏，地下部不结球茎、绝收。近年来，该病呈逐年上升趋势，其中，老产区、连作田、地方品种又比新植区、轮作田、新选育品种发病严重，其严重程度与当年的气候、当地的耕作制度、栽培条件等密切相关。已成为制约荸荠生产发展的主要障碍，严重影响荸荠的产量、品质和效益（表6-1）。

危害症状 该病主要危害叶状茎，也侵染叶鞘和花器，但不侵染球茎。全生育期均可发生，与生理性红尾病容易混淆，不易识别，在生产中容易造成严重危害。

表 6-1 荸荠秆枯病不同危害程度对产量等的影响

处理	折合亩产量 (kg)	比对照（±%）	球茎数（个数/m²）	平均单个重 (g)	大果率（%）	商品果率（%）	备注
特严重危害	100.4	−96.1	9	8.6	0	2	危害早，近乎绝收，农民放弃采收
严重危害	613.6	−76.2	55	15.7	3.9	51	危害较早，农民放弃采收
一般危害	1660.8	−35.7	105	23.5	46.6	86.5	产量、品质受到严重影响
较轻危害	1894.3	−26.6	120	24.8	48.9	90.0	产量、品质受到影响
没有危害（对照）	2581.3	0	147	26.1	54.7	93.4	正常

注：大果率（单个重 ≥ 25g 为大果）、商品果率（单个重 ≥ 15g 为商品果）

（1）叶鞘发病 首先在植株基部叶鞘上发病，初为暗绿色水渍状不规则病斑，后逐渐扩展至整个叶鞘，表面多生黑色长短不一的条点（病菌的分生孢子盘），病部干燥后呈灰白色，并导致叶状茎发病（图 6-1）。

图 6-1 荸荠叶鞘发病

（2）叶状茎发病（图6-2）　　叶状茎发病多由叶鞘上的病斑扩展引起，导致茎秆基部先发病。天气潮湿时，初生病斑水渍状，一般为梭形，有时也呈椭圆形或同心轮纹状至不规则形暗绿色病斑，病斑周围呈橘黄色，病部组织变软或略凹陷，植株易倒伏，以后病斑呈暗绿至灰褐色，梭形或椭圆形，上生黑褐色小点。小病斑扩展连合成不规则的大病斑后，病斑组织软化可造成茎秆枯死倒伏，呈浅黄色稻草状。天气干燥时，病斑较小，呈淡褐色小点，病部易失水干燥，中间灰白色，外缘暗褐色。早晨露水未干或湿度大时，病斑表面可见大量浅灰色霉层，即为病菌的分生孢子。分生孢子可进行再侵染危害。田间湿度大有利于该病发生。

6-2　荸荠叶状茎发病症状

（3）花器发病（图6-3）　　症状与茎秆发病相似，多发生在鳞片或穗颈，导致花序枯黄或枯死。

上述各类病斑在环境条件适宜时，产生黑色分生孢子盘，其上的灰绿色霉状物即为病菌分生孢子梗和分生孢子。夜露大时，病部形成灰白色或聚合成粉红色孢子团，尤以茎秆病斑明显。球茎虽不染病但表面带菌。

左：花器发病与正常花器对比；右：病秆连同花器发病

6-3 荸荠花器发病

侵染循环 荸荠秆枯病是由半知菌类黑盘孢目（Melanconiates）柱孢霉属 (*Cylindrosporium*) 荸荠柱盘孢菌 (*Cylindrosporium eleocharidis Lentz*) 侵染所致，仅危害荸荠和野荸荠。菌丝初无色或淡色，后变为浅褐色，有隔膜及疏散的分枝，可纠集成菌索。病斑表面的分生孢子盘细长，不突出，主要由短分生孢子梗平行排列而成。分生孢子梗丛生，短棒状，不分枝，无隔，无色或浅褐色。分生孢子无色，无隔，线形，直或稍弯曲。该病菌以菌丝体和分生孢子盘在球茎、病株残体和土壤中越冬，其初侵染来源主要是带菌球茎、遗落田中带菌的自生病苗、田间堆垛病秆及有病的野荸荠。由于该病的病原菌菌丝离开病残体后，在土壤中存活少于 3 个月，而育苗期是在翌年 4 月以后（水育），旱育苗则在 6 月下旬至 7 月上旬，因此遗落土壤的病菌不能成为荠苗的初侵染来源。田间堆垛内病秆的病菌可存活 1 年以上，这是苗床和大田秆枯病重要的多次侵染来源。对新植区、无病区的传播则是由带菌球茎或病苗上市流通所致。有病的野荸荠也可以成为重要的初侵染来源之一。翌年气候适宜时病菌产生分生孢子借风雨及灌溉水传播，主要是通过因农事操作、气象条件或者是跟其他作物之间的互作造成的微伤口进行侵染，也能通过气孔和直接通过表皮细胞侵染经气孔或穿透表皮直接侵入，在夏季条件下，潜育期为6~13d，多为8~9d。大田发病后，病部产生分生孢子进行连续侵染，反复危害。

发病规律　该病从荸荠育苗期开始至大田成熟期的整个生长时期都可发病。由于各地区气候和耕作制度等不同，病害发生先后、发病程度也不相同。各个地区的育苗期一般都在4—6月，由于荸荠秆枯病田间发病的最适温度为26~28℃，因此，育苗期大部分地区发病程度较轻，只要做好预防工作，病情能得到有效控制。大田发病初期一般在8月中下旬，然后逐渐扩展蔓延，至9月上旬开始进入发病盛期，病情急剧上升，9月中旬至10月中旬为发病高峰期，此期正值荸荠苗旺长至结荠及球茎形成与膨大初期，如在这一时段内气候条件适宜病害流行，则可导致严重发病，至10月下旬，随着气温的降低和雨量的减少，病情发展亦随之缓慢，至11月基本停止危害。研究表明，在寄主感病和有足量菌源存在的前提下，病情的发展情况与当年气象因子及栽培条件密切相关。

（1）气象因子　影响病害流行的主要因素是气候条件。荸荠秆枯病田间发病适宜温度为20~29℃，超过35℃或相对湿度低于75%时对其有抑制作用。在荸荠生长期中，日平均气温维持在20~30℃，植株封行后，通风透光性较差，田间的相对湿度一般保持在80%以上，田间的温湿度均能满足发病和流行的要求。因此，在寄主感病和有足量菌源存在的前提下，影响荸荠秆枯病流行迟早和发生程度的主要因素是雨日、雨量和雾、露等，7—10月间雨水多或后期温差大多露水和浓雾的年份，并伴有台风暴雨天气就更有利于病菌孢子传播，加重发病程度。

（2）栽培条件　栽培管理粗放，常常会导致病害的猖獗危害。早期追施氮肥过多，或磷、钾肥缺乏会使病情加重；后期脱肥和经常断水田块，使秆枯病易于发生和流行；灌水方式对发病亦有密切关系，一般串灌、漫灌都会造成病菌孢子随水流扩散蔓延，田块发病重；老病区、连作田荸荠危害重；种植密度大、封行早、通风透光不良的田块，发病重。

防治方法　根据该病初侵染来源主要是带菌球茎和田间堆垛病秆，病菌分生孢子经风雨和灌溉水传播到健康荠秆上反复侵染、危害的特点，从菌源地开始治理，从大田病害消长规律控制入手，对该病的防治坚持"预防为主、综合防治"的植保方针。

（1）实行轮作制度　荸荠不宜连作，特别是在老产区，实行3年以上的合理轮作，是防治该病最经济有效的措施。一般可与水稻、西瓜、马铃薯、莲藕、慈姑、茭白等作物轮作2~3年，最好是水旱轮作。例如，三年一轮，即荸荠—西瓜—水稻；周年轮作，即荸荠—春马铃薯等种植模式。

（2）应用荸荠组培苗　研究表明，应用荸荠组培苗，不仅可以恢复荸荠原有优良品种的种性，而且种苗不带病，生长势旺盛，抗病力强，产量高，品质优，并可远距离运输、流通。

（3）及时清除病株，消灭病原体　挖荸荠前，将病苗全部割除，集中烧掉或沤制肥料，挖净病荠。翌年开春后，把遗留田中的荸荠打捞干净，减少越冬及翌年的病源基数。此外，把田边、沟边的野荸荠及自生苗铲除干净，以减少初侵染源。

（4）做好种球的药剂处理　首先选用芽头健壮、大小均匀、无病无溃烂的大个球茎作种球。播种前可用50%多菌灵可湿性粉剂500倍液或70%甲基托布津可湿性粉剂1 000倍液浸泡球茎20h，然后进行播种催芽。

（5）加强田间管理　总的施肥原则为"前促、中控、后稳"。施足基肥，多施农家肥，氮、磷、钾配合施用；追肥时，前期以勤施薄施、氮磷钾配施为原则，中后期重施钾肥，配施适量微量元素肥，提高植株抗逆性和抗病性。

水分管理做到排灌路径分开，防止串灌和漫灌，减少病菌随水流散播传染的机会。前期浅水勤灌，中期干湿交替（即每灌1次水后，任其自然落干），促进地下匍匐茎下扎，抑制后期无效分株，降低田间湿度，保持田间通透性，抑制病虫害发生。定植到封行前，控制杂草，保持水层；封行后，晒田2~3d（土面出现细小裂缝为宜），回深水 10cm 左右，3d 后施球茎肥，收获前 15d，排干田水，等待采挖。

期间，做好害虫的防治工作。荸荠的害虫主要有白禾螟、蚜虫等。荸荠秆受害后，会留下大量的虫伤口，使植株长势变弱，抗病力下降，而且有利于秆枯病菌从伤口侵入，加重病害的发生流行。因此，要及时防治荸荠白禾螟、蚜虫等害虫。同时，要及时拔除田间病株，防止病害传播蔓延。

（6）利用石灰粉防治荸荠秆枯病　在荸荠秆枯病发病初期，选择早晨露水未干时均匀撒施石灰粉，让石灰粉尘粘附在荸荠茎秆上。如果没有露水可以先喷清水再撒施石灰粉，石灰粉用量为每亩 30kg。这对封锁发病中心，控制已发田块病害的流行起到一定的作用。

（7）大田期药剂防治　从 8 月中旬开始，就要经常踏田巡查，观察田间病情动态，尤其是在荸荠植株封行前后，最好做到隔天去田间查看一次，按照无病适时早防、见病早治的要求，做到及时用药防治。可用 50% 多菌灵可湿性粉剂 500 倍液，或用 70% 甲基托布津可湿性粉剂 800 倍液，或用 45% 秆枯净可湿性粉剂 500 倍液，或45% 咪鲜胺 1 000 倍液，或 25% 施保克乳油 1 500 倍液，或斑即脱乳油 1 000 倍液，或炭疽立克乳油 1000 倍液或 20% 粉锈宁（三唑酮）乳油 100~150mL 稀释 1 000 倍液，或 82.6% 铜大师可湿性粉剂 1 000倍液，或 45% 代森铵 1 000 倍液，或 50% 退菌特 500 倍液，或 50%代森锰锌 500 倍液，或用 25% 丙环唑 1 000 倍液，或 12.5% 敌力康可湿性粉剂 2 000 倍液，或 25% 敌力脱乳油 1 500 倍液，或 5% 施特灵水剂 300 倍液，或 25% 阿米西达悬浮剂 800 倍液等药剂防治。

另外，每亩也可用细硫磺粉 4~5kg+50% 多菌灵 0.5kg+75% 敌克松可湿性粉剂 0.5kg 分别结合施肥或单独与细泥砂 20kg 配成菌土，在 8 月中旬、9 月中旬各施 1 次，效果良好。

以上诸多药剂若用来预防的，每隔 7~10d 喷施 1 次，连喷 2~3 次；若发病初期用药的，3~5d 喷 1 次，连续 3~4 次。用药时间和次数，应根据当年天气、发病期或植株生长进程确定，掌握在零星见病期喷药或荸荠封行时进行喷药保护。雨后及时补喷，10月底停止喷药。

  注意事项 一是选用上述2~3种药剂交替使用，以减少抗药性，防治效果会更好。二是荸荠茎秆较光滑，覆盖着蜡质，对药液的粘附性差，喷药时每桶水可加5ml农用增效展着剂或每千克药液加0.5g中性洗衣粉，以增强药液的粘着力，提高防治效果。三是荸荠整个生长期不能使用"井冈霉素""久抗霉素"等抗生素药剂，否则会造成球茎肉质出现铁锈色斑纹，甚至整个球茎呈黑褐色（图6-4），造成严重的经济损失。另外，荸荠对含铜杀菌剂比较敏感，使用时要严格掌握用量。四是喷药时，压力要大，喷口要细，喷出的药液呈雾状，使药液均匀地喷洒在茎秆上，以达到理想的防治效果。最好选择如"绿弘"牌等背负式电动喷雾器，长管、短管可拆换使用，长管射程可达8m以外，操作人员可站在田埂上，无需下田（图6-5）。五是荸荠田块应小丘化，避免中后期下田施肥、打药时踩踏地下球茎与匍匐茎，同时减轻病害发生。

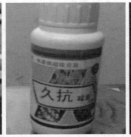

图6-4 使用井冈霉素、久抗霉素会造成荸荠球茎肉质出现铁锈色斑纹；荸荠忌用井冈霉素、久抗霉素等抗生素药剂

图6-5 田间施药

（8）荸荠病害常用药剂种类　见图6-6（与品牌无关）。

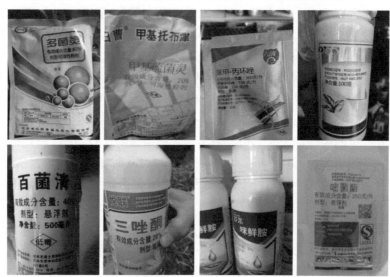

图6-6　8种常用药剂

2.荸荠枯萎病

荸荠枯萎病又称基腐病，农民称之为"死苗"，是荸荠的主要病害之一。于1986年在浙江首次发现，近些年，该病呈现逐年上升趋势，尤其是荸荠秧田期危害明显比往年普通且严重，整个生长期均可发病，尤以9月中旬至10月上旬发病严重。发病田块，一般枯死株率达2%~5%，严重田块达10%以上，个别田丘可达50%以上；中等发病田可减产20%~30%，重病田则减产80%以上甚至绝收。

危害症状　荸荠枯萎病病原菌为尖孢镰刀菌荸荠专化型（*Fusarium oxysporum* f. sp. *eleocharidis*），属半知菌类真菌。病菌从荸荠的茎基部、根部伤口入侵，导致茎基部软腐、发黑，地上部叶状茎老化、叶色深暗，植株生长衰弱、矮化变黄至干枯，缺肥状；严重时，近根处的维管束变褐坏死（正常株茎基为白色），匍匐茎维管束亦变褐坏死，较正常匍匐茎细小，地上失水的叶状茎干枯发黄，易拔起（图6-7左3），嗅之有一种水稻苑沤烂的气味，农民俗称"死兜"（图6-7左4）。此病先从一丛中的少数分蘖开始发黄、枯萎，群众称为"半边枯"（图6-8中），最后整丛枯死，之后病菌则沿匍匐茎蔓延到下一丛。植株由老叶向新叶蔓延，由母株向分蘖株蔓延，但病株也会传染给周围的健康株，因此若不及时挖除、防治，会导致附近多株发病，甚至连片为害。在秧田期至8月以前的大田中，先是部分叶状茎黄枯，形成整丛黄枯，俗称"整棵死"（图6-9）；到9月气温降低，有利于病害发展，为病情盛发期，地下茎基很快腐烂，地上部分表现为失水青枯，俗称"青枯死"。该病秧田期受害，轻则导致秧苗带病，重则因秧苗大量死亡，导致等待种植的大田荒芜；大田期分蘖分株期受害，造成苗数不足影响产量；大田期中后期受害，造成球茎受害，荠肉变黄褐色至红褐色干腐，严重影响荸荠的产量和品质。

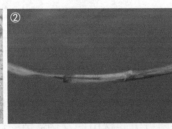

图6-7　左1：近根处的维管束变褐坏死；左2：枯萎病导致茎基纤维受损；
左3：匍匐茎维管束坏死，易拔起；左4：农民俗称"死兜"

图6-8　左：催芽期发病（种球带菌）；中：先是"半边枯"；右：最后整株枯死，
再通过地下匍匐茎蔓延到分株

图6-9　1：荸荠健康苗与发病苗的对比；2：挖掉发病母株后的分株苗也会发病；
　　　　3：田间常见的"整棵死"；4：生长后期的田间症状

发生规律　该病菌具有严格的寄主专化性，与荸荠秆枯病一样，只侵染荸荠一种植物。主要在种荠与土壤中越冬，种荠和土壤带菌成为翌年的侵染源，种荠带菌可引起秧田期发病。枯萎病发病时间、程度与当年的相对湿度和降水量无显著相关性，温度是影响病害发生、发展的重要因素。病菌生长适温范围为20~32℃，在20℃以下或32℃以上菌丝生长明显减缓。这一特性与荸荠枯萎病每年在田间的消长规律甚为密切。种球带菌在秧田期引起发病，一般6月上中旬始见发病株，7月中旬移栽前秧田只零星发生。移栽到大田后，部分带菌的秧苗不能成活，有些带菌的秧苗成活后，病菌从匍匐茎蔓延侵染病株外围的健株，造成陆续死苗。7—8月由于气温高，病害发展较慢，一直处于零星发展阶段。9月上旬开始，随着气温下降，适于病害发展，病情扩展加快，表现为暴发性，几天前还是一片青绿，几天内突然整片青枯死。9月下旬至10月上旬为该病的高峰期。如不及时防治，枯死株率达20%~30%，严重田块可达80%以上。至

10月下旬以后，气温下降到20℃以下，不适合病菌生长发育，该病害亦逐渐停止发展。

该病的发生除与当年气温密切相关外，与病源的来源、数量也密切相关。种荠带菌，可引起秧苗发病，秧苗带菌可导致大田发病；往年发病重的田块，病菌残留量大，发病重。另外，该病的发生与田间管理也有一定的关系。缺钾而氮肥又跟不上的脱肥田块，荸荠抵抗力下降，病害乘虚而入，引起严重发病；氮肥施用过量，造成荸荠生长嫩绿，降低抗病力；田间分蘖过多，植株郁闭，光照不足，通风不良，光合作用差，易于该病发生。在水分管理方面，以长期深水灌溉和过度晒田影响最大。长期深水灌溉不利于荸荠根系发育，抗性降低，易于发病；过度晒田造成田间土壤开裂通气，有利于好气性病菌活动，易诱发病害。

防治方法　由于该病属土传病害，病菌在土壤中可长期存活，防治十分困难，所以应采取农业措施与化学防治相结合的原则，在防治策略上应是预防为主，药剂治疗为辅。

（1）减少菌源，合理轮作　一是选择无病田块留种、育秧和定植，减少菌源；二是轮作换茬，实行2~3年水旱轮作；三是发病初期及时拔除病株带出田外深埋，并施药封锁发病中心；四是荸荠收获后，应及时清除并集中烧毁田间遗留的残茎枯叶，育秧前铲除遗留在田间的球茎野生苗，杜绝一代虫源。

（2）做好种球的药剂消毒处理及秧田防治　播种前可用50%多菌灵可湿性粉剂500倍液或40%氟硅唑乳油8 000倍液浸泡球茎12~20h，晾干后进行播种催芽。5—7月的秧田期，要经常查看秧苗发病情况，一旦发现有发黄、干枯的病株，立即将整株母株连同其分株苗一同拔除，并拿到田外销毁，然后可用50%多菌灵可湿性粉剂500倍液，或用45%秆枯净可湿性粉剂500倍液喷施防治2~3次。

若秧田期没有发病的，在大田移栽前5d也要预防1次，做到带药下大田。另外，秧苗起苗、运转与大田移栽时要多加小心，防止折断、损伤，以免造成伤口，减轻大田发病程度。

（3）加强田间管理 一是合理施用氮、磷、钾肥及微量元素肥，增施有机腐熟的肥料，改善土壤结构，促进根系生长旺盛，提高植株抗病力。二是浅水勤灌，适时适度晒田。晒田以晒至田面小开裂为宜，结面后立即复水。晒田时间一般为2~3d，最多5d，晴天时间短些，阴雨天时间长些，但9月不宜重晒荸荠田。三是发病初期田间应保持一定的水层，生长中后期田间应保持湿润。

（4）大田药剂防治 要根据当年气温变化情况及田间病情调查结果来确定用药最佳时期。发病早的年份或田块，应于8月下旬至9月上旬开始施药，每隔10d施药1次，连续施药3~4次；发病迟的年份或田块，应于9月中旬至9月下旬开始施药，每隔10d施药1次，连续施药2~3次。可用50%多菌灵可湿性粉剂500倍液，或用45%荸荠秆枯净可湿性粉剂500倍液，或用14%百枯净可湿性粉剂100g对水60kg喷雾，或每亩用25%施保克乳油30ml，或用50%果病克可湿性粉剂0.1kg喷撒，或每亩用36%粉霉灵悬浮剂120g，或用10%苯醚·甲环唑水分散粒剂1 000倍液，或用30%苯醚甲环唑·丙环唑乳油2 000倍液喷雾防治。

注意事项 防治时要注意药剂种类的交替使用，以延缓抗药性产生。同时要讲究施药技术，每亩药液量不能少于15kg，并且要细雾喷洒、喷洒均匀。施药时田中应保持浅水层，以提高防治效果。

3. 荸荠白粉病

危害症状 该病俗称"荸荠湿"，主要危害荸荠叶状茎，亦可侵染花器。发病初期，近圆形星芒状粉斑，随后向四周扩展成边缘不明显的白粉斑块，严重时布满整条茎秆，像是撒了层白粉；若抹去表层白粉，可见叶面褪绿，造成病茎早枯、变脆（图6-10）。

图6-10 荸荠白粉病

发生规律 该病菌发病适温为 20~25℃，翌年条件适宜时，分生孢子萌发，借助风雨传播到寄主茎秆上，几天后形成白色菌丝状病斑。以 9 月以后发病最严重，蔓延也最快；田间栽培密度过高、发棵过多、氮肥施用过多则发病较重。

防治方法 预防可用硫黄悬浮液 + 生石灰水（50kg 水 +1kg 生石灰），7d 喷施 1 次，连续 2 次。在发病初期喷 40% 多硫悬浮剂（灭病威）600 倍液，或 15% 粉锈宁（三唑酮）1 000 倍液，或 75% 百菌清可湿性粉剂 600 倍液。以上药剂要交替施用，每隔 3~5d 喷药 1 次，连续喷 2~3 次，喷匀为宜。

4. 荸荠茎腐病

该病的病原菌为新月弯孢霉（*Curvularia lunata(Wakker)* Boedijn）。

危害症状 发病叶状茎外观症状为枯黄色至褐黄色，发棵不良，病茎较短而细。发病部位多数在叶状茎的中下部离地面 15cm 左右。病部初呈暗灰色，扩展成暗色不规则病斑，病健分界不明显，病部组织变软且易折断。湿度大时，病部可产生暗色的稀疏霉层。严重时，病斑可上下扩展至整个茎秆，呈暗褐色而枯死，但一般不扩展到茎基部（图 6-11）。

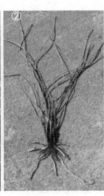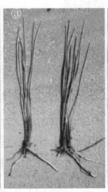

1：田间发病植株；2：植株地上部发病，但基部及根部完好；3：发病植株与未发病植株对比；左 4：生长后期的发病症状

图 6-11 荸荠茎腐病

茎腐病发生严重的田块其外观症状与荸荠枯萎病的外观症状有相似之处，但可根据茎基部维管束有无变色加以识别。与荸荠秆枯病相比，病斑特征差别明显。

大风、大雨天气有利于该病的发生。在浙江一带，9月上中旬为病害发生盛期，这与台风的影响有密切关系。因为大风会造成荸荠茎秆的伤口，同时雨水有利于病菌孢子的产生、传播、萌发和侵入。从病菌生物学特性来看，9月气温也有利于病菌的发育与病害的发展，10月以后病情减轻，一般不易发生新的病茎。缺肥、土质浅、地势低和灌水深的田块较易发病。至于病菌的来源，球茎带菌的可能性不大，而叶状病茎若不腐烂，病菌至少可存活8个月，因此可能是重要的初侵染源。

防治方法

（1）清除病原　剪除发病田块的病茎，集中销毁，消除病原。

（2）合理轮作　深翻土地，清除病残体，以减少病原基数。

（3）药剂防治　每次大风大雨过后，及时用70%甲基托布津可湿性粉剂800倍液，或40%五氯硝基苯粉剂500倍液喷洒防治。每隔7~10d喷1次，可视病情轻重增减用药次数。

5. 荸荠小球菌核病

病原为半知菌亚门的小球菌核病菌 (*Sclerotium hydrophilum* Sacc)。病菌以菌核在病残体中越冬，翌年菌核随灌溉水接触荸荠植株基部而发病。长期深灌有利于发病，后期断水过早也会加重发病。

危害症状　荸荠小球菌核秆腐病一般在9—11月间发生。主要危害叶状茎，叶鞘也能危害。先在荸荠茎秆基部产生水渍状暗褐色斑纹，然后沿茎秆向上扩展，围绕病秆，被害部软腐，严重时导致全株枯黄、倒伏。叶鞘内外及茎秆内部最先产生大量近圆形的白色菌核，老熟后由白色转变为黄褐色，最后变成针头大小的黑色菌核。湿度大时，病部表面亦产生厚密的白色菌丝体。地下根部及球茎亦有变褐坏死，但一般危害较轻（图6-12）。

左：叶鞘内外及茎秆内部产生大量的初为白色菌核；中：由白色变为黄色菌核；
右：由黄色变成黑色菌核

图6-12 荸荠小球菌核病

防治方法

（1）清洁田园 荸荠收获后，清洁田园，将病残体集中处理。

（2）加强水层管理 中后期以浅水灌溉为好，一般不能断水，避免长期深灌，后期防止断水过早。

（3）药剂防治 发病初期及时喷施70%甲基硫菌灵可湿性粉剂800倍液，或50%多菌灵可湿性粉剂700倍液，或20%立枯灵乳油1 000倍液，或15%三唑酮可湿性粉剂1 000倍液，每隔7~10d喷1次，连喷2~3次，交替喷施，着重喷施植株下部。

6. 荸荠锈病

该病的病原菌为离生柄锈菌(*Puccinia liberta* Kern)，该菌在我国仅见于夏孢子阶段，至今未发现冬孢子阶段。一般在9—11月发生，病重时植株倒伏，导致严重减产。

危害症状 初始茎上出现淡黄色或浅褐色小斑点，近圆形或长椭圆形，稍凸起的夏孢子堆。以后夏孢子堆表皮破裂散出铁锈色粉末状物，即夏孢子。当茎秆上布满夏孢子堆时即软化、倒伏、枯死（图6-13）。

防治方法 发病初期，可用40%杜邦福星乳油10 000倍液，或68.75%杜邦易保可湿性颗粒剂1 500倍液，或15%三唑酮可湿性粉剂1 000~1 500倍液，或50%萎锈灵乳油800倍液喷雾防治，隔7d左右喷药1次，共用药1~2次。

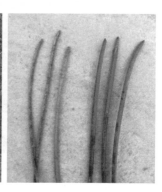

图 6-13　荸荠锈病

7. 荸荠球茎灰霉病

荸荠灰霉病属真菌性病害，病原为半知菌亚门灰葡萄孢。该病不仅在田间危害，还可在贮藏期侵染。

危害症状　主要发生在采收及贮藏期的荸荠球茎上，多在伤口处产生鼠灰色霉层，即为病菌的分生孢子梗和分生孢子。被害球茎内部深褐色软腐（图 6-14）。该病菌以菌丝或分生孢子在荸荠的球茎及病残体上越冬，分生孢子借气流传播，从伤口侵入致病。贮藏期湿度大时，发病严重。

图 6-14　荸荠灰霉病

防治方法

（1）严把采收关　荸荠收获时发现带病球茎，应立即进行隔离采收，并将发病球茎深埋或妥善处理。

（2）严把贮藏关　选择地势较高、温度变化较小、无鼠害、不漏水、不渗水的地方；贮藏前除去带病、带伤球茎，去除隔年荸荠；贮藏期间经常查看，一旦发现发病球茎必须立即拿走，以免病菌分生孢子感染到周围健康球茎。荸荠贮藏期间环境保持干燥，可以减轻该病的发生。

（3）严把种荠消毒关　荸荠播种催芽前，每个种球都要经过精心挑选，选用无病种球；将种球用清水清洗干净，然后用 50% 多菌灵可湿性粉剂 500 倍液或 50% 甲基硫菌灵可湿性粉剂 650 倍液浸泡种球 20h，捞起后稍凉干再播种。

8. 荸荠贮藏期腐烂病

荸荠在贮藏期腐烂病病原复杂。据报道，棘孢木霉等 17 种真菌都可引起荸荠贮藏期球茎腐烂病，并认为腐烂病是多种真菌复合侵染的结果，同时认为棘孢木霉是主要致病菌（图 6-15）。

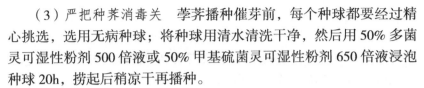

图 6-15　荸荠贮藏期腐烂病

危害症状　贮藏期荸荠球茎腐烂症状复杂，根据荸荠球茎表面症状可分为三种类型

（1）局部型　占 80%，荸荠部分凹陷、皱缩，或者完整，球茎硬或软。表面有绿色或白色霉状物或红色霉状物。荠肉实心或空心，呈黑褐色、黄褐色、浅绿色、红褐色、灰褐色、青褐色、黄灰色等，有臭味或无，湿腐或干腐。

（2）完整型　占 17%，荸荠表面与正常无异，或者表面有红色或黑色或绿色霉状物，荸荠肉硬或软，黄褐色，湿腐。

（3）伤口型　占 3%，荸荠表面有明显的伤口，伤口处有绿色、黑色霉状物，荸荠肉褐色，干腐。

防治方法

（1）控制贮藏温度　不同温度贮藏的试验结果表明，温暖条件贮藏荸荠球茎腐烂病较少，20~25℃条件下，荸荠贮藏发病率低，10℃、15℃恒温贮藏条件下，荸荠贮藏球茎发病率较高。原因可能是在 20~25℃下，荸荠生理代谢活动旺盛，或愈伤速度快，抗性强，虽然病原菌在此温度下，生长繁殖较快，但是侵染荸荠球茎阻力较大。10~15℃温度下，病原菌生长繁殖较慢，但是荸荠球茎生理代谢较弱，抗病性弱，低温对荸荠寄主影响大于病原菌的繁殖和侵染，因而球茎腐烂率发病率反而较高。

（2）药剂处理　荸荠种用球茎用药剂处理可以降低贮藏期腐烂率，可用 25% 咪鲜胺乳油 450 倍液 +25.5% 异菌脲乳油悬浮剂 220 倍液或 50% 噻菌灵悬浮剂 200 倍液 +25.5% 异菌脲乳油悬浮剂 250 倍液处理，防治效果较好。

（3）无须剔除发病球茎　剔除病球茎，清除病害侵染源通常是防治病害的一项有效措施，但对在荸荠贮藏期效果不明显。剔除病球茎需翻动荸荠，造成一定数量的伤口，同时在翻动过程中不可避免地造成侵染源的人为扩散。虽然减少病原菌侵染数量，但人为地提高了病原菌侵染概率，因此，定期或不定期拣除烂球茎不但花费人工，而且对荸荠球茎贮藏效果没有改善作用。

9. 荸荠生理性红尾

危害症状　荸荠生理性红尾发生部位在茎秆的尾部，颜色为橘黄色，均匀黄化，无病斑，多在 8~9 月初的生长中期才开始表现症状。该病多由于农民长期施用化肥，很少施用有机肥，或多年连续种植荸荠，造成土壤中缺少活性的硼、锌、锰、铁等微量元素，导致荸荠茎叶发生生理性红尾（图 6-16）。

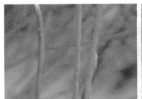

左：发生在茎秆的尾部；中：田间中期症状；右：田间严重症状

图6-16 荸荠生理性红尾

它与秆枯病的主要区别是：生理性红尾发生在茎秆的尾部，均匀黄化，无病斑，茎秆不干枯，或只在顶端的一小节茎秆上干枯。荸荠秆枯病的病斑周围呈橘黄色，中间下陷呈灰褐色，用指甲不能刮脱黑色的条点，病斑由基部向上扩展；秆枯病初期为水渍状，后为暗绿色病斑，高湿条件下病叶表面有浅灰色霉层；依靠风、水、土壤传播，最后整条叶状茎干枯，发病后期整株枯死。在时间上，荸荠秆枯病主要发生在生长中后期的9—10月，荸荠封行，高温高湿条件下极易发生。在病理上，荸荠秆枯病是一种真菌性病害；而生理性红尾是一种由于长期缺硼、锌、铁、锰等微量元素所致的生理性病害。

防治方法 对历年重发田块，可在荸荠大田移栽前结合基施，每亩撒施硼砂、硫酸锌各2kg或硼锌铁镁肥2~3kg进行前期预防；或者在8月下旬到9月下旬进行叶面喷洒硼锌微量元素肥，可每亩喷施元素硼肥100g + 磷酸二氢钾150g对水50~60kg，每隔5~7d喷1次，连喷2~3次。生理性红尾若与荸荠秆枯病混发时，可加敌力脱等防秆枯病菌药剂喷施。

二、虫害识别与防治

1. 白禾螟

荸荠白禾螟（*Scirpophaga praelata* Scopoli）又叫荸荠螟、无纹白螟、白螟，俗称荸荠钻心虫，是荸荠生产上最严重的虫害。白禾螟属鳞翅目螟蛾科，成虫为全身白色的中型蛾子，雄虫翅展23~26mm，雌虫翅展40~42mm。幼虫，共5龄，头壳黑色，虫体灰色，老熟幼虫体长 15~20mm，圆筒形，黄白色略带灰白色。卵，近圆形，约 0.12mm×0.15mm 大小，数十粒至数百粒结成椭圆形卵块，卵块外覆一层淡黄色绒毛，初产时呈淡黄色半透明状，以后变为橙黄色，孵化前呈黑色。蛹，长 13~15.5mm，宽 2.8~3.4mm，圆筒形，初期乳白色，渐变淡黄色，复眼褐色。

危害症状　白禾螟成虫不危害荸荠植株，以幼虫蛀食叶状茎秆，蛀空叶状茎内横隔膜，仅留外表皮。危害初期，植株茎尖部褪绿枯黄，自上而下，逐渐变红转黄，茎秆变褐腐烂，最后导致整株枯死。在茎秆上能找到虫孔，剖开茎秆可见内有虫道、虫粪及灰白色幼虫。有成团危害状，农民称之为"红死"。分蘖分株期受害，分株减少，导致苗数不足。球茎膨大期受害，茎秆枯死，影响球茎膨大，商品性变差，产量降低。

生活习性　白禾螟成虫具有趋绿产卵习性，趋光性不强，不善飞行，喜欢长时间地停息在荸荠秆上，常常是成对出现，一般体大的成虫在上方，是雌性成虫，复眼呈黑色，体小的成虫在下方，是雄性成虫，复眼呈棕色（图 6-17）。卵多产在嫩绿、茂密的植株上，一般靠近叶尖处，一般每茎产卵 1 块，少数每茎 2~3 块，每块卵一般 60~70 粒，有的超过 100 粒（图 6-18）。初孵幼虫善爬行（图 6-18 左 3 和 4），可吐丝随风飘散到周围植株上。卵孵化 1h 后，幼虫选择比较幼嫩的植株从上部侵入茎秆，沿管壁穿透茎内横隔膜向下移动，钻入叶状茎咬食茎秆基部，造成叶状茎大量枯死。蚁螟有群集性，平均每株 7~8 条，多者超过 30 条。2~3 龄后开始转株为害，每条幼虫平均可害 3~4 株最多达 6 株（图 6-19 右）。

图 6-17　左：白禾螟成虫停息在荸荠秧苗上；中：雌雄成虫成对出现；右：成虫、幼虫、卵块同时出现在同一田丘上

图 6-18　1：白禾螟的卵块；2：撕开卵块露出卵粒；3、4、5：刚从卵块里孵
　　　　　化出来的蚁螟四处爬行

图 6-19　左：荸荠茎秆基部虫口；右：白禾螟秧田危害状

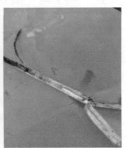

图 6-20　左：白禾螟低龄幼虫；中：白禾螟 4 龄幼虫；右：白禾螟高龄幼虫

　　发生规律　白禾螟主要以幼虫在荸荠茎秆中越冬。翌年 4 月上旬转移到附近的莎草科、禾本科、豆科的杂草和作物上继续取食、发育、化蛹、羽化，越冬代幼虫于 5 月初进入蛹期，5 月中旬羽化，成虫飞到上年荸荠收获后长满杂草的田丘上，喜欢在荸荠自生苗上产卵，气温高，发育快，历时短。成虫产卵有趋绿性，羽化、交配在夜间进行，交配后的第一天晚上产卵 90% 以上，幼虫食性较杂，

但喜欢转移到野生和栽培荸荠自生苗上危害。长江中下游地区在荸荠生育期间发生4代，一、二、三、四代发生时间分别为6月上旬至7月中旬，7月中旬至8月上旬，8月中旬至9月中旬，9月中旬至翌年6月上中旬，每月1代，世代重叠，其中第三代是发生量最大，危害最重的世代，也是防治的重点。

防治方法

（1）及时清理残株　在荸荠收获后，将所有地面遗留的茎秆全部集中烧毁，大大减少茎秆内的越冬虫源。同时还可以每亩撒施10~20kg的生石灰，以杀灭越冬虫源，并可兼治荸荠病害。5月上旬，即在荸荠育苗前，铲除遗留在田间球茎的野生苗与杂草，或者是灌水翻耕压草，杜绝一代虫源。

（2）保护天敌　创造有利于天敌生存的环境，选择使用对天敌杀伤力低的农药；利用 Bt 等生物农药进行防治。卵可被稻螟赤眼蜂寄生，白禾螟的成虫、幼虫和蛹的天敌有四星瓢虫、蜘蛛、蚂蚁、蜻蜓、青蛙、燕子等（图6-21）。

左：白禾螟天敌四星瓢虫；右：白禾螟成虫躯壳、天敌蜘蛛及蜘蛛卵块

图6-21　生物防治

（3）物理防治（针对多种害虫）

应用频振式杀虫灯（图6-22）：杀虫灯技术是根据昆虫具有趋光性的特点，利用昆虫敏感的特定光谱范围诱虫光源，引诱昆虫并用电网有效杀死昆虫，降低病虫指数的专用装置。杀虫灯安

装密度以害虫可看见光源的距离为半径所作的圆周，一般距离为 50~80m，有效面积为 30~40 亩 / 盏，诱杀时间 5—10 月，安装位置最好在田边、路沟边，不适宜安置在田中间，以免漏网害虫加重危害；及时清理杀虫灯网罩，提高防治效果；主要诱杀二化螟、大螟、白禾螟等害虫，这样可在一定程度上减少农药的使用，对环境保护也有积极意义。

图 6-22　频振式杀虫灯

应用性诱剂诱捕器（图 6-23）：害虫性诱剂技术是模拟自然界的昆虫性信息素，通过释放器释放到田间来诱杀害虫雄性成虫，减少害虫田间产卵基数，降低虫口密度的仿生高科技技术；该技术诱杀害虫不接触植物和农产品，没有农药残留之忧；产品价格低廉、安装方便，是现代农业生态防治害虫的方法之一。安放时间根据白禾螟等害虫

6-23　诱捕器

发育进程，以羽化始期安放，一般在 4 月下旬，也可在荸荠育秧期开始安装；连片安放，每亩放置 1 个诱捕器，内置诱芯 1 个，每代

换一次诱芯，外围可适宜密一些，外围诱捕器之间距离约 15m；放置高度以高出植株 10~15cm 为宜。

应用香根草诱杀（图 6-24）：香根草因其根很香，故名香根草，是一种禾本科多年生草本植物。香根草诱杀技术是利用香根草对二化螟、白禾螟等害虫具有强引诱力，引诱二化螟、白禾螟等害虫的雌性成虫在香根草上产卵，而且卵也能孵化，但孵化后的幼虫不能存活至 2 龄、3 龄，从而减少作物田间害虫基数，减少农药使用量。

图 6-24　香根草及技术简介

注意事项　因香根草具有适应能力强、生长繁殖快、根系发达、耐旱耐贫瘠等特性，若控制与管理不当，容易泛滥成灾。

（4）药剂防治　加强田间观察，找准白禾螟卵块孵化高峰期，狠治第二、三代，早治第四代为害。当每亩出现 50 个以上成虫（飞蛾）时，就必须开始喷洒杀虫剂进行防治。

在卵块孵化高峰前 2~3d 用药，可用高氯氰菊酯 500 倍液，或 15% 茚虫威悬浮剂 1 500~2 500 倍液，或 5% 功夫乳油 1 000~1 500 倍液，或 48% 乐斯本乳油 1 000 倍液，或 52.5% 农地乐乳油 1 500 倍液，或 20% 灭扫利乳油 2 000 倍液喷雾防治。

如果害虫世代重叠明显，在卵块盛孵期就已经有部分幼虫钻入茎秆内，或者已错过盛孵期，最好选用内吸性药剂防治，防治适期选择在卵块孵化高峰后 1~2d 用药，用 20% 三唑磷乳油 500 倍液，或 5% 阿维菌素 1 500 倍液，或 20% 氯虫苯甲酰胺悬浮剂 3 000 倍液，或高氯氰菊酯 500 倍液喷雾，或用 10% 杀虫双水剂 300~400 倍液

+90% 晶体敌百虫 800 倍液；或 90% 巴丹可溶性粉剂 1 000 倍液，或 80% 杀虫单可湿性粉剂 800 倍液，或每亩用果虫净 100~150g 等进行防治；防治中要交替用药、复配用药，以减弱荸荠白禾螟的抗药性。

（5）荸荠虫害常用药剂种类　见图 6-25（与品牌无关）。

图 6-25　荸荠虫害常用药剂

2. 蚱蜢

蚱蜢（英文 :Acrida) 是蝗科蚱蜢亚科昆虫的统称。我国大部分地区均有分布，主要栖息于草地、农田，多活动于稻田、田埂、荒滩和堤岸附近。一般常见发生于农田与杂草丛生的沟渠相邻处。中国常见的为中华蚱蜢 (Acrida chinensis)，成虫体长 80~100mm，雌虫较雄虫大，体绿色或黄褐色，头尖，呈圆锥形；触角短，基部有明显的复眼。后足发达，善于跳跃，飞时可发出"札札 (Zh ā Zh ā)"声。如用手握住，2 条后足可作上下跳动。咀嚼式口器，主要危害禾本科植物，没有禾本科植物的也会危害其他植物（图 6-26）。

图 6-26　蚱蜢

　　危害症状　成虫及若虫食叶，影响作物生长发育，降低农作物产量和商品价值。蚱蜢一般不会主动对荸荠造成危害，当周边蚱蜢栖息地上的植物减少或消失时，就会迁飞到荸荠叶状茎上，啃啮荸荠叶状茎中部以上到花序以下茎秆。不吃则已，一旦寄食必欲吃完咬断为止（图 6-27）。

图 6-27　蚱蜢对荸荠的为害状

　　发生规律　各地均为一年一代。成虫产卵于土层内，成块状，外被胶囊。以卵在土层中越冬。若虫（蝗蝻）为 5 龄。成虫善飞，若虫以跳跃扩散为主。蚱蜢没有集群和迁移的习性，常生活在一个地方，一般分散在田边、草丛中活动，吃的是禾本科植物，所以也会对水稻和豆类农作物有一定的危害。此昆虫不完全变态，从卵孵化成若虫，以后经过羽化就成为成虫，不经过蛹的阶段，1 年发生 1 代，以卵

在土中越冬，第2年初夏由卵孵化为若虫，若虫没有翅膀，其形状和生活方式和成虫相似。

蚱蜢一般在每年7~8月间羽化成成虫。雌雄成虫交配后雄虫不久就会死亡，雌虫却大量吃食，积累营养。经过1周后，腹内的卵成熟了，就开始产卵，它一般将卵产在干燥而地势稍高的沙壤中，在各类杂草中混生，保持一定湿度和土层疏松的场所，有利于蚱蜢的产卵和卵的孵化。

【防治方法】

（1）农业防治　我国食用蚱蜢（蝗虫）有着十分悠久的历史，迄今蚱蜢仍是人们喜爱的食品。秋后从田间采收，油炸后即可食用，也可加工成各种味道的食品或罐头。蚱蜢产卵量特别大，可以以此为原料加工制作蚱蜢卵酱。发生严重地区，在秋、春季铲除田埂、地边5cm以上的土及杂草，把卵块暴露在地面晒干或冻死，也可重新加厚地埂，增加盖土厚度，使孵化后的蝗蝻不能出土。

（2）药剂防治　用75%马拉硫磷乳油进行超低容量或低容量喷雾，每亩用75g，或用45%马拉硫磷乳油超低容量喷雾，每亩用75~100g，或20%敌马合剂，每亩用100g或1.5%林丹粉剂，每亩用1.5~2kg喷粉。在测报基础上，抓住初孵蝗蝻在田埂、渠堰集中为害双子叶杂草且扩散能力极弱的特点，每亩喷撒苦烟粉剂1.5~2kg，也可用菊酯类农药对水喷雾防治（图6-28）。

图6-28　低容量喷雾示意

（3）生物防治　保护利用麻雀、青蛙、大寄生蝇等天敌进行生物防治（图6-29）。

图 6-29　麻雀、寄生蝇

3. 蚜虫

危害症状　蚜虫又称蜜虫、腻虫等。常群集于嫩茎、花序等部位，刺吸汁液，导致叶状茎皱缩、畸形，严重时引起叶状茎枯萎、花序凋萎。蚜虫分泌的蜜露还会诱发煤污病、病毒病等（图6-30）。

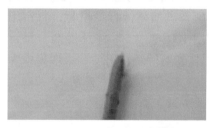

图 6-30　蚜虫群集于荸荠嫩茎，刺吸嫩茎汁液

发生规律　蚜虫个体较小，冬季以卵在桃、杏、李等核果类树上越冬，早春在树上繁殖4~5代，4-5月产生有翅蚜，迁飞到茭白、莲藕、荸荠等水生作物上，一年发生多代，以无翅胎生雌蚜繁殖，终年危害，以6月、10月危害较严重。

防治技术

（1）农业防治　清除田间杂草，合理控制种植密度，减轻田间郁闭度，降低湿度。同时将蚜虫栖居或虫卵潜伏过的病枝枯叶彻底清除并集中烧毁。

（2）药剂防治　发生初期，选用 5% 的吡虫啉可湿性粉剂 1 500~2 000 倍液，或 2.5% 溴氰菊脂乳油 2 000~3 000 倍液，或 50% 抗蚜威可湿性粉剂 1 500 倍液，或 20% 氰戊菊酯乳油 3 000 倍液喷雾防治。一般荸荠田蚜虫危害较轻，可在防治白禾螟时兼治。

三、几种常见枯死症状的鉴别

荸荠在生产过程中易遭受病虫危害而造成枯死。荸荠的秧田期以及大田的各个生育时期，随时能看到田间有另星的或大片的枯死状，特别是 10 月份之后田间的这种症状更加明显。由于广大种植户不能准确及时地诊断，没能对症下药，易造成严重危害，不但影响荸荠的品质和产量，而且使种植户蒙受重大的经济损失。根据在生产实践中的体会，引起荸荠枯死的几种常见性枯死外观症状看似有些相似，不易区别，但认真仔细观察，还是比较容易鉴别的。

1. 引起荸荠枯死的原因

引起荸荠枯死的原因有 2 个，即病害和虫害。病害有秆枯病、枯萎病、茎腐病。多数产区以秆枯病和枯萎病为主，尤以秆枯病发生最为普遍，发病率高，且易流行；最近几年，枯萎病呈现逐年上升趋势，秧田期、大田期发病率也比较高。虫害以白禾螟为主。

2. 鉴别方法

在被害初期，可以从荸荠受害的部位加以区别：秆枯病首先在叶鞘基部发病，产生暗绿色水渍状不规则形病斑；枯萎病先在茎基部、根部发生，引起茎基发黑腐烂，矮化变黄，少数分蘖发生枯萎，再整丛枯死，母株为发病中心；茎腐病先在茎秆的中下部发生，产生暗灰色的不规则病斑；而白禾螟危害后，首先使荸荠茎秆尖部褪绿枯萎。具体来说，还可以从以下 3 个方面对由于秆枯病、枯萎病、茎腐病、白禾螟引起的枯死加以鉴别。

（1）发生时间上的区别　荸荠秆枯病一般发生在荸荠封行前后，即 8 月至 9 月底；枯萎病在秧苗期就有发生，9 月上旬表现明显；茎腐病一般发生在 8 月底至 9 月底，特别在封行后和雨后最易染此病；白禾螟第一代幼虫期，在荸荠育秧之前，幼虫常在附近莎草科、禾本科杂草上取食，5—6月再转移到秧田取食，真正对荸荠造成严重危害的是在7月中旬至9月中旬发生的白禾螟第二、第三代幼虫。

（2）外观颜色上的区别　秆枯病造成的荸荠枯死呈灰白色，俗称"白死"；枯萎病，整丛外观有"黄枯死""青枯死"两种；茎腐病危害后，荸荠外观呈枯黄色至褐黄色。而白禾螟危害后，荸荠茎秆由上向下变为橘黄色枯死，俗称"红死"。

（3）危害症状上的区别　秆枯病先在基部叶鞘上产生暗绿色水渍状不规则形病斑，以后逐渐向上发展至整个叶鞘，最后病斑颜色呈灰白色，上生黑色小点或长短不定的黑色线条点。茎秆发病由叶鞘病斑向上发展所致，病斑呈梭形，也有的呈椭圆形或不规则形，病斑失水干燥成灰白色，病部生有黑色小点、略凹陷。

枯萎病表现为病茎基部软腐，茎基维管束变褐，地上失水的叶状茎极易拔起。田间缺水时，枯死株基部布满粉红色黏稠物，发黑腐烂的茎基保湿一夜，其上长出白色霉状物。该病田间有发病中心，球茎受害，荠肉变黄褐色至红褐色干腐。

茎腐病在茎秆的中下部先发病，产生暗灰色不规则病斑，病健部分界不明，病茎变细且短，湿度大时，病部可产生暗色的稀疏霉层。

白禾螟，危害初期，茎秆顶端由绿转黄，在距茎尖7cm左右的茎秆上，可查到棕褐色的卵块，多数为1块，少数2~3块，在距地面10cm左右的茎秆上有虫孔，剖开茎秆可见内有虫道、虫粪及灰白色幼虫，蛀孔呈椭圆形，边缘为黑褐色。若蛀入茎秆的幼虫多或虫龄大，则数天内茎秆由上至下黄化枯死，呈橘黄色，但不像病害那样有青斑或青枯。茎秆黄化枯死后，幼虫转移危害。

防治方法　对上述病虫害的防治，要坚持以农业防治为基础，药剂防治为关键的综合治理策略，才能取得理想的效果。在用药防治前，必须准确诊断，才能做到对症下药，达到提高防效、控制危害的目的。

四、荸荠主要有害生物的识别与防治

1. 福寿螺

福寿螺（Pomacea canaliculata）又名大瓶螺、苹果螺，原产南美洲亚马逊河流域。20 世纪 70 年代福寿螺作为高蛋白质食物最先被引入台湾，1981 年被引入大陆养殖，先后在广东、广西、福建、四川和浙江等省份养殖。由于养殖过度，口味不佳，福寿螺市场行情不好，而被大量遗弃或逃逸；又因其繁殖力极强、食性杂，又缺乏天敌而导致泛滥成灾。

形态特征 福寿螺为瓶螺科瓶螺属软体动物，贝壳外观与田螺相似。成螺壳厚，幼螺壳薄，贝壳的缝合线处下陷呈浅沟，壳脐深而宽。卵圆形，直径 2mm，初产卵为粉红色或鲜红色，卵的表面有一层不明显的白色粉状物，当卵的颜色变为灰白色或褐色时，卵内已孵化成幼螺。卵块椭圆形，大小不一，卵粒排列整齐，卵层不易脱落。卵块粉红色或鲜红色，小卵块仅数十粒，大的卵块可达百粒以上（图 6-31）。

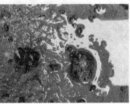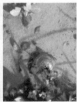

图 6-31 左 1：卵、幼螺、成螺；左 2：水沟边的福寿螺；左 3：水田中的福寿螺；左 4：荸荠田中的福寿螺

生活习性 福寿螺喜欢生活在水质清新、饵料充足的淡水中，多群集栖息于池边浅水区，或吸附在水生植物的茎叶上，或浮于水面，能离开水体短暂生活。福寿螺的适温范围为 8~38℃，最适生长水温为 25~32℃，超过 35℃生长速度明显下降，生存最高临界水温为 45℃，最低临界水温为 5℃。福寿螺一般在 3 月底开始产卵繁殖，

5—6月达到高峰。全年可发生2~3代，并且世代重叠，在适宜的区域，可全年产卵，平均每只雌螺一生可产卵13 764粒，可繁殖幼螺6 070只，产卵量和孵化率较高，为其产生大量后代提供保障。幼螺发育3~4个月后性成熟，除产卵或遇有不良环境条件时迁移外，一生均栖于淡水中，遇干旱则紧闭壳盖，静止不动，长达3~4个月或更长。在夜间，卵产在水面以上干燥物体或植株的表面，如植物茎秆、杂草、田埂、石块、沟壁上（图6-32）。

图6-32　卵产在离开水面又近水的地方，在荸荠叶状茎、稻秧、杂草、田埂、石壁上

　　福寿螺个体大、食性广、适应性强、食量大，可咬食水稻、荸荠、茭白、菱角、空心菜、芡实等水生作物及水域附近的旱生作物，啃食或咬断这些作物的幼嫩茎叶、芽苗，使作物生长发育受到影响；咬食水稻、荸荠等作物的主蘖及有效分蘖，造成苗少株稀，果实

发育受阻而减产。另外，福寿螺的螺壳锋利，容易划伤农民的手脚，大量粪便可污染水体，传播人畜共患寄生虫——广州管圆线虫，与本地物种竞争导致本地淡水生物减少，甚至绝迹，影响水生物多样性等。

防治措施　重点在越冬成螺第一代成螺产卵盛期前防治，以压低第二代的发生量。破坏其越冬场所，减少冬后残螺量。人工捕螺摘卵、养鸭食螺，辅之药剂防治。

（1）强化检疫措施　对可能携带福寿螺的植物和产品进行检疫，防止人为传播；未发生地区，禁止人为引入、饲养；发生区要防止向外扩散。

（2）农业防治及物理防治　冬季清除水体淤泥，挖除水草，铲除田边杂草，破坏其产卵场所。在福寿螺产卵高峰期，在田边插些竹片、木条等，引诱福寿螺在竹片、木条上集中产卵，每3~5d摘除一次卵块集中销毁，降低卵的孵化率，控制种群密度。福寿螺个体大，产卵鲜艳直观，可采用拣卵拾螺、放鸭啄螺的方法降低基数。在流水交界处设置拦截网，加高田埂，阻止福寿螺进入。结合水旱轮作和深翻土地，直接杀死成螺（图6-33）。

图6-33　左：人工拣卵；中：人工拾螺；右：隔离板集中产卵

（3）化学防治　福寿螺为水体生物，为维护水体生态，不建议见螺就用药剂防治。但在重发区，重发田块仍需要采用药剂防治。可用50%杀螺胺乙醇胺盐可湿性粉剂，每亩60~80g喷雾或与细土拌匀后均匀撒施；因杀螺胺乙醇胺盐对鱼、蛙、贝类等有很强杀灭作用，使用时应特别注意。另外每亩可用茶籽饼 3~5kg 粉碎后直接撒施于已耕好的田块或排灌沟上，或在荸荠移栽前 7d，每亩撒施石灰 25kg。

2. 浮萍

通常所说的浮萍包括浮萍科（属于被子植物门单子叶植物纲）的青萍、紫萍，满江红科（属于蕨类植物门）的满江红，槐叶蘋科（属于蕨类植物门）的槐叶蘋等。浮萍和紫萍以芽繁殖，槐叶蘋和满江红进行孢子繁殖或营养繁殖。这些"特殊"杂草常混合发生，长势繁茂，形成密布水面的漂浮群体，集聚成丛，遮蔽水面，造成水中缺光、缺氧、温低，严重影响作物正常生长发育。浮萍对水体温度、酸碱度、水质等要求较低，在适宜条件下约 2~4d 繁殖 1 代，在浮萍生长高峰期，仅需 10d 左右就能铺满荸荠田水面。浮萍一般随排灌水扩散。因此，农民对于防除浮萍的愿望十分迫切（图 6-34）。

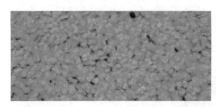

图 6-34　荸荠田中主要的两种浮萍

浮萍一旦存在，就会成倍增长，很快就会铺满水面，吸收田中肥料，遮挡阳光照射，使水体浑浊，田间水温低，还会导致大量有机物发生化学反应，使有毒细菌增多、水含氧率降低，影响通气排毒、影响农作，不利于荸荠的生长（图 6-35）。

防治措施

（1）人工捞除　在荸荠大田移栽前，将大田灌水 5~10cm，用粗草绳或竹竿等，长度以田的宽度为准，两人站在两边的田埂上用拉网式将浮萍慢慢集中到一尽头，挤得越拢越好，然后固定草绳或竹杆，再进行人工打捞。如果小块田可直接人工捞除（图 6-36）。

图 6-35　荸荠田浮萍危害

图 6-36　人工捞除

（2）换水排萍　将田水全部排出，然后再加入温度基本相同的新水，并且可以多几次进行，这样可使浮萍随旧水而排出田外，出水口可用网兜收集。但放田水速度快，浮萍易粘在茎秆上、田埂草丛中、土表上，复水后容易成活，成活后又会大量繁殖，很难达到去萍的目的。

（3）施肥　在荸荠大田移栽前或荸荠秧苗拔除后的秧田内，结合基施，施用一定量的碳酸氢铵，对控制浮萍生长有较好的作用。碳酸氢铵具有较强的挥发性，对浮萍有极强的刺激作用，最好在晴天太阳猛烈的时候撒施，用量每亩为 50kg 以上，施后第 2 天即可见浮萍大量死亡（图 6-37）。荸荠田中氮磷等化肥施用过多是诱发浮萍暴发性生长的一个重要因素，因此要严格控制施肥量，提高肥料利用率。

左：施用碳酸氢铵控制浮萍；右：对照

图6-37　施用碳酸氢铵控制浮萍

（4）结合封行期搁田去萍　在大田内的荸荠苗分蘖分株生长至封行前的15d内，让大田内的水自然落干后，再保持2~6d不向大田内放水，让田间泥土沉实，浮萍随大田内的水下落而下落并搁置粘贴在土表上，与土壤紧密相依（图6-38），等待田间土壤因水分减少而出现小开裂时，再向

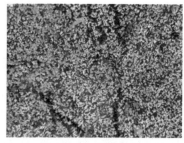

图6-38　搁田去萍

大田内放水，与土壤紧密相依的浮萍就不会重新浮上水面，浮萍在水内因与空气隔绝而生理性枯死，即可清除荸荠田内的浮萍。

（5）水旱轮作　荸荠与其他旱生作物轮作，例如西瓜、马铃薯等进行轮作是各地采用较多的水旱轮作方式，也是治理浮萍的最佳方法。荸荠田轮作旱生作物后，浮萍长时间失去赖以生存的水体环境，将难以存活，水旱轮作可彻底根除浮萍为害（图6-39）。

图6-39　与生姜、花卉等轮作

图 6-39　与甘薯、蔬菜等水旱轮作

五、农药使用规范及注意事项

1.荸荠主要病虫害化学防治技术（供参考，以使用说明为主）

表 6-2　荸荠主要病虫害化学防治技术

防治对象	农药名称	剂型	使用方法	限用次数	安全间隔期（天）
秆枯病	三唑酮	20% 乳油	发病前或发病初期，1 500 倍液喷洒	1	7
	多菌灵	50% 可湿性粉剂	移栽前，800~1 000 倍液浸根。或移栽成活后 500 倍液喷洒	3	21
	咪鲜胺	25% 乳油	发病初期，1 000 倍液喷洒	1	8
枯萎病	苯甲·丙环唑	30% 乳油	发病初期，1500~2 000 倍液喷洒。苗前期禁用	3	40
	唑醚氟酰胺	42.4% 悬浮剂	发病初期，3 500 倍液喷洒	3	21
	百枯净	14% 可湿性粉剂	发病初期，100g 对水 60kg 喷雾	2~3	30
生理性红尾等	硼锌铁镁肥	粉剂	每亩撒施 2kg，重病田，前期预防	2~3	
	优马修复剂	水剂	300 倍。重病田或症状出现初期施用	2	7

续表

防治对象	农药名称	剂型	使用方法	限用次数	安全间隔期（天）
白禾螟	茚虫威	15%悬浮剂	卵孵化高峰前2～3d，1 500倍～2 500倍液喷洒。	2	21
	氯虫苯甲酰胺	20%悬浮剂	卵孵化高峰后1～2d，2 000～3 000倍液喷洒。	2	7
	阿维菌素	1.8%悬浮剂	卵孵化高峰至幼虫期施药，1 000～1 500倍液喷洒。	2	21
福寿螺	杀螺胺乙醇胺盐	50%可湿性粉剂	每亩60~80g喷雾或拌土撒施。对鱼、蛙、贝类等有很强杀灭作用，施药后7d内不得串灌排水。施用时注意安全。	1~2	52

2. 荸荠生产中禁用农药品种

六六六、滴滴涕、毒杀芬、二溴氯丙烷、杀虫脒、二溴乙烷、除草醚、艾氏剂、狄氏剂、汞制剂、砷类、铅类、敌枯双、氟乙酰胺、甘氟、毒鼠强、氟乙酸钠、毒鼠硅、甲胺磷、氟虫腈、甲基对硫磷、对硫磷、久效磷、磷胺、甲拌磷、甲基异柳磷、特丁硫磷、甲基硫环磷、治螟磷、磷化钙、磷化镁、磷化锌、硫线磷、内吸磷、克百威、涕灭威、灭线磷、硫环磷、蝇毒磷、地虫硫磷、氯唑磷、治螟磷、特丁硫磷、苯线磷、氧化乐果、五氯酚钠、三氯杀螨醇、氯磺隆、胺苯磺隆、甲磺隆、福美胂、福美甲胂、毒死蜱、三唑磷、氟苯虫酰胺、百草枯等高毒、高残留农药。

3. 荸荠大田生产中忌用农药品种及其危害症状

表6-3　荸荠大田生产中忌用农药品种及其危害症状

忌用农药	叶状茎表现	球茎外观	肉质	口感	商品性
久抗霉素	正常	正常	铁锈色斑纹	味淡、稍有烂臭味	20%
井岗霉素	正常	正常	铁锈色斑纹		

　　荸荠是一种高产值高效益的经济作物，据调查，荸荠亩产量一般约 2 100kg(高的可达 3 000kg)，按市场批发价 5.0 元 /kg 计算，亩产值达 10 500 元，亩成本 4 000 元，利润 6 500 元。亩成本中最大的支出是荸荠采收用工费用，一般每亩用工 20 工（熟练工），每工按 150 元计算，每亩支出 3 000 元，其他成本约 1 000 元；由于荸荠收获期长，前后可长达 3 个多月，农民挖一点卖一点，若农民以自身来计算，不计采收工本的话，荸荠亩效益可达 10 000 元。

　　为什么这么高的产值、这么高的效益，农民种植荸荠的队伍与种植的规模不但没有扩大反而缩小呢？其主要原因之一就是因为秆枯病、枯萎病的严重为害，并且最近几年越来越严重，如果没有足够的种植经验种不了荸荠这个作物。而造成荸荠病害失控的原因是有的农民只顾当季利益，不顾长期利益，多年连续种植，不愿意与水稻、马铃薯等低效益的作物轮作造成的。加上农药安全使用意识淡薄、抗药性增强，导致荸荠秆枯病隔三差五的流行与暴发，造成荸荠产量低、品质差、商品率低、农药残留重，结果导致荸荠种植面积不稳定，尤其是江浙一带经济发达的地区，种植荸荠的队伍青黄不接，已严重影响荸荠产业的正常发展。

一、轮作的必要性

　　合理轮作可使病菌失去寄主或改变生活环境，达到减轻或消灭病虫害的目的；同时可改善土壤结构，充分利用土壤肥力和养分，可以较好地吸收前作留下的营养元素，减少肥害与浪费。尤其是水旱轮作，形成截然不同的水旱生态，破坏了病虫滋生，同时可形成土壤物理、化学性状等优势互补的变化，促进土壤环境的修复。荸荠等水生蔬菜具有较高的经济效益，利用它作为轮茬作物不仅可有效减轻连作障碍问题，还可改变蔬菜—水稻这一单调而又低效的水旱轮作模式，使种植效益得到充分发挥。目前水生蔬菜与旱生蔬菜的轮作优势已经被越来越多的种植户所认可。

二、周年轮作模式

荸荠的周年轮作模式很多，例如广西地区稻、荸荠轮作最常见，蔬菜、荸荠也是比较喜欢的一种轮作方式。长江中下游地区，6月初至立秋前荸荠均可移栽，早茬：在早茭白、麦、油菜收割后，6月上旬荸荠移栽。中茬：蔺草收割后7月上中旬荸荠移栽。晚茬：早藕、早甜西瓜采收后，7月底8月初荸荠移栽等等。

1. 西瓜—荸荠周年轮作

西瓜、荸荠是农民乐于栽种的两种高产高效作物。荸荠、西瓜均忌连作栽培，在同一田块上栽种几年就遇到了连作障碍，导致土地缺素，有害物积累，土传病害和病源菌越来越重。西瓜—荸荠轮作既解决连作障碍，又不影响大多数地区的季节矛盾，是较好的周年轮作栽培模式。一般西瓜4月中旬左右移栽大田，7月中旬收获后种植荸荠，荸荠7月中下旬移栽大田，翌年3月底收获完毕（图7-1）。西瓜要选择抗病、高产、质优、商品性好且耐储运的早中熟优良品种，各地区可根据当地的季节安排来选择两个作物不同品种的搭配。

图7-1　西瓜—荸荠轮作

2. 春马铃薯—荸荠周年轮作

马铃薯为茄科茄属一年生草本植物，是重要的蔬菜、粮食兼用作物，也是市场鲜销和加工蔬菜的主要品种和原料，在长江中下游地区可作春、秋两季栽培。近年来，好多省份对旱粮生产扶持力度的加大，马铃薯种植面积不断扩大，农民种植马铃薯的积极性日益高涨。但在种植马铃薯的同时，仍在不断地探索更高效益的种植模式。春马铃薯—荸荠水旱轮作种植模式，就是比较合理的高效益的种植模式。一般春马铃薯2月底种植，6月初收获，荸荠7月移栽至大田，翌年2月底收获完毕（图7-2）。荸荠采收期较长，可早可迟可自行调节，不影响马铃薯种植时间。整个茬口安排合理稳妥，能满足两种作物生育期所需时间。

图7-2 马铃薯—荸荠轮作

3. 早稻—荸荠周年轮作

早稻—荸荠周年轮作最常见。茬口安排：早稻，南方种植早稻4月初播种育苗，大田5月初移栽，7月下旬收获。荸荠，秧田另外安排，大田7月下旬至立秋前移栽完成，12月上旬开始陆续采收至翌年3月底采收结束（图7-3）。

图7-3 早稻—荸荠年内轮作模式

三、2~3年轮作模式

1. 西瓜—荸荠后再种1~2年水稻

一般西瓜4月中旬左右移栽大田，7月中旬收获完毕后种植荸荠；荸荠7月中旬移栽到大田，翌年3月底收获完毕后轮种水稻（图7-4）。

图7-4　西瓜—荸荠—水稻多年轮作

2. 油菜—早稻—荸荠三茬轮作栽培模式

油菜于9月初育苗，10月上旬定植，翌年5月中旬采收；早稻于翌年4月初在育苗田育苗，5月中旬大田定植，7月下旬采收；荸荠于翌年4月初旬开始催芽、育苗，于7月中下旬大田定植，12月上旬开始陆续采收至翌年3月底基本采收结束（图7-5）。

图7-5　油菜—早稻—荸荠多年轮作

3. 双季茭白—荸荠—早春毛豆水旱轮作高效栽培模式

第一年种植春毛豆，2月下旬至3月上旬播种，5月下旬至6月上旬采收；毛豆采收后种植茭白，5—7月寄秧，7月下旬定植，10—11月采收，翌年5—6月采收第二茬；茭白收获后种植荸荠，7月中旬定植，12月至翌年2月采收（图7-6）。

图7-6　早春毛豆—双季茭白—荸荠

第八章

荸荠产品及加工技术

荸荠地下球茎收获分级后有两个去处：可将新鲜荸荠球茎直接上市（图8-1），可进行深加工，提高其经济价值。加工产品一般有清水荸荠、荸荠粉、荸荠糖、荸荠糕、荸荠糊等。

图8-1　鲜荸荠

一、加工技术

1. 清水荸荠（图8-2）

选取横径在3cm以上，嫩脆、皮薄、果形均匀、无霉变、无斑点、无发黄的新鲜荸荠，剔除斑点多、有病虫害的次果。将荸荠倒入清水中浸泡30min，然后洗去泥沙，用清水漂洗干净。用小刀削去荸荠的主侧芽和根部，再削去周边外皮，切削面要光滑平整。按荸荠球径大小分为三级。一级：3.5cm以上；二级：2.5~3.5cm；三级：2.5cm以下。将荸荠按不同级别分别放入水中预煮，水中加0.2%柠檬酸，预煮10~20min，以煮透为度。预煮液可以连续使用2~3次，每煮

图8-2　清水荸荠罐头

3次后要更换新液，并要调节预煮液酸度。出锅时将荸荠用冷水漂洗1~2h脱酸，冷却。装罐前检查荸荠是否有残留外皮，切削面是否平整光滑。大、中、小三级分别入罐。然后加入煮开并过滤的清水或加入

1.5%~3% 糖液以及 0.05%~0.07% 柠檬酸。排气 10min 左右，罐中心温度为 85~90℃。抽气密封时，真空度为 40kPa。杀菌、冷却。

2. 荸荠粉（图 8-3）

选取新鲜荸荠剔除伤烂果，用清水洗净，切去尾蒂，捣烂，再加入等量清水，用粉碎机粉碎，然后用纱布将浆汁过滤去渣，待荸荠淀粉沉淀后，去掉上面的清水，在粉上面铺 1~2 层棉布，吸去余水。然后把半干的荸荠粉取出晒干粉碎即可。

图 8-3　荸荠粉

3. 荸荠糖（图 8-4）

将荸荠洗净去皮，切成两半，加水预煮 7~8min，捞出后用水冲凉，沥去水分。再按每千克加白糖 3~3.5kg 的比例配料熬制，并不断翻动，使上下层受热均匀。熬制中，为防烧糊可沿锅壁滴入少许清水。当熬制出的糖浆滴入冷水中能聚成珠时，改用文火，熟煮至荸荠片上凝聚的糖透亮，浓度达 60% 以上时，连锅置于凉处，随即于器具中，冷却后即成。

图 8-4　荸荠糖

4. 荸荠糕（图 8-5）

去皮荸荠 1.5kg、白砂糖 1.3kg、荸荠粉 95g、奶粉少许、玉米面 95g、鸡蛋黄 4 个、生油 63g、清水 1.5kg。首先，将去皮的荸荠切成细末或搓成泥状，荸荠粉、玉米面用

图 8-5　荸荠糕

清水拌成粉浆。锅内加清水1.5kg，将糖和荸荠泥放入加热至熔化，将粉浆慢慢倒入，并不断搅拌，使锅内粉浆逐渐干厚成为糕胚，把搅碎的蛋黄均匀地加在糕胚上。另取方盘涂上花生油等食用油，将糕倒入盘中，用旺火蒸30min至熟透取出，切成方块即得。

5. 荸荠糊（图8-6）

选用新鲜荸荠，削皮，切成小粒，放进锅中进行预煮，时间为20min，然后进行漂洗，除去荸荠中的糖分及色素，漂洗时间为8~10h。将漂洗后的荸荠甩干，放进干燥箱，在60~70℃下干燥成干荸荠粒，收集备用。把干燥的荸荠粒与

图8-6　荸荠糊

大米粒按一定比例混合，在温度为150~180℃、压力为$10kg/cm^2$进行熟化处理。将以上熟化的混合物与蔗糖按1∶1混合，放进粉碎机中粉碎，过80目筛，收集包装即为成品。

6. 糖渍荸荠

加工的工艺流程：选料→清洗→去皮→烫煮→浸泡→糖渍→糖煮→冷却和包装。其操作要点：

（1）选料、清洗、去皮　选糖分含量高、新鲜、大小均匀无霉烂的荸荠为原料。洗净泥沙后去皮，投入清水中洗净表面。

（2）烫漂、浸泡　将去皮后的荸荠放入沸水中煮至熟而不烂为度，然后捞出漂洗、冷却，再放入清水中浸泡10h左右，捞出沥干。

（3）糖渍、糖煮　将荸荠放入30%的糖液中浸泡10~12h后，将糖液煮沸，同时加糖，使糖度达40%左右，再趁热倒入荸荠继续浸渍12h。再将荸荠和糖液一起倒入锅内煮沸10~20min，使糖液浓度达65%~70%，糖应该分次加入。

（4）冷却、包装　将经糖煮的荸荠放入另一个锅中不断翻动，促进水分蒸发，也可利用干燥箱在50~60℃的温度下烘干，以不粘

手为宜,而后用食品袋包装,密封即可。

7.荸荠脯

加工方法如下

(1)选择个体大且均匀、无腐烂及病虫的荸荠为原料,充分洗净后采用人工削皮或用碱液去皮后,将其切为两个圆形或者两瓣,投入2%的盐水溶液中浸泡。

(2)将盐水浸泡的荸荠用清水冲洗1次,移入温度为75℃左右的热水中预煮20~30min,放入沸水中保持3~5min捞出,放入冷水中冷却,并加入0.2%的亚硫酸钠浸泡2~3h备用。

(3)将上述荸荠片(瓣)捞出,放入沸腾的40%糖液中,加热沸腾3~5min,加入适量冷糖液再次煮沸,重复2、3次后加入适量白糖,沸腾5~10min,最后加糖至浓度达65%左右时,微沸15~20min,连糖液带原料一起倒入缸中浸泡24~48h,捞出沥干放入烘房烘烤,在65℃~70℃下烘烤12~16h,使水分达到16%~18%时出房,放于25℃的室内回潮24h,经检验和修整,剔碎后,用食品袋定量包装,贮于阴凉干燥处待售。

二、家常菜谱

1.荸荠鸡丁 (图8-7)

主料 去皮荸荠150g,鸡胸肉300g,胡萝卜半个,青椒1个,葱姜适量,蛋清1个,生粉10g,盐适量,白胡椒粉0.5茶匙,家乐热炒鲜露1汤匙。

制作方法

(1)荸荠切丁,鸡胸肉去筋切丁,胡萝卜、青椒切丁,葱姜切末。(2)锅适量油,倒入鸡丁滑炒至8分熟盛出。

图8-7 荸荠鸡丁

（3）锅里留底油爆香葱姜。

（4）倒入荸荠和胡萝卜丁翻炒几下断生。

（5）倒入鸡丁，烹入家乐热炒鲜露，翻几下，倒入青椒翻两下出锅。

2. 荸荠炒肉片（图8-8）

主料　荸荠350g，瘦肉150g。

辅料　油适量，盐适量，糖适量，味极鲜适量，蚝油适量，生粉适量，蒜子10g，香芹50g，红椒50g。

制作方法

（1）准备食材。

图8-8　荸荠炒肉片

（2）荸荠切片，红椒与香芹切段，蒜子拍碎备用。

（3）瘦肉切片，把蒜子加入，然后再放入适量的盐，糖，生粉，食用油腌制10min。

（4）热锅凉油，把瘦肉放入锅内炒制。

（5）当稍稍转色，放入红椒与香芹。

（6）再把荸荠片放入锅内翻炒。

（7）加入适量的盐，糖。

（8）再来点味极鲜与蚝油。

（9）大火翻炒均匀，就可以。

3. 荸荠冬笋烧肉（图8-9）

主料　五花肉

配料　荸荠、冬笋。

调料　精盐、黄酒、糖、八角、葱、姜块。

制作方法

（1）五花肉切块、焯水，待用。

图8-9　荸荠冬笋烧肉

（2）荸荠洗净，去皮。

（3）冬笋剥皮切块，焯水去涩。

（4）大锅烧热，下姜块、五花肉，肉焙出油。

（5）倒酱油、黄酒、糖、八角，翻炒，加少量水，盖锅焖一会。

（6）开锅，入荸荠、冬笋，再次翻炒，炖至汤汁收干，冬笋入味。

（7）加精盐、鸡精调味，即可装盘。

4. 荸荠炒虾球（图 8-10）

主料 荸荠 100g，基围虾 300g，青椒 2 个，红椒 2 个。

辅料 料酒 1 勺，盐 1.5 勺，生粉 1 勺。

制作方法

（1）将鲜虾去头、去壳、去虾线，然后放料酒和盐腌制一会。

图 8-10　荸荠炒虾球

（2）荸荠切成圆片，青红椒去籽切成圈。

（3）青红椒焯水，捞出过冷过备用。

（4）热油锅，先滑熟虾。

（5）等虾变红卷起如球时，再放入荸荠、青红椒加盐快速翻炒。

（6）勾芡拌均匀即可上碟。

5. 荷兰豆炒荸荠（图 8-11）

主料 荷兰豆，荸荠。

辅料 盐，鸡精，腊肠。

制作方法

（1）荷兰豆两头折断后顺便撕掉豆筋。

（2）锅里烧开水后放入荷兰豆焯一下后放在凉水里。这样

图 8-11　荷兰豆炒荸荠

就可以爆炒了。爆炒的时间短也不怕了，因为毒素已经在焯水的时候已基本去除。

（3）把去皮荸荠切成片，中等厚度。荸荠和荷兰豆相得益彰，让牙齿体验双重的清脆声。

（4）让荷兰豆更加入味就推荐你放切片腊肠。

（5）热锅后放油。先放腊肠，煸炒出香味。

（6）放入荷兰豆，大火煸炒。因为荷兰豆已经焯过水所以煸炒一会儿就可以放入荸荠稍微翻炒一会。

（7）放盐，最后加入鸡精就可以出锅。

6. 鸡肉荸荠饼（图8-12）

主料　鸡胸肉半块，荸荠4个，葱花适量，酱油1勺，黑胡椒适量，面粉3勺，淀粉适量，鸡蛋1个，盐少许，鸡精少许，食用油1勺。

制作方法

（1）鸡胸肉切碎。

（2）荸荠切碎。

图8-12　鸡肉荸荠饼

（3）荸荠碎放入鸡肉馅中，放入葱花，调料，鸡蛋，淀粉，面粉搅拌均匀。

（4）用小勺将肉馅放入热好油的电饼铛，勺底把肉馅压平成圆饼型，煎至两面金黄即可。

（5）依所好可以蘸些喜欢的甜辣酱、番茄酱等。

7. 荸荠肚片汤（图8-13）

主料　猪肚1个，黑木耳，荸荠。

辅料　生姜，小葱，花椒粒。

制作方法

（1）备料，将猪肚用油正反两面反复搓洗，直至去腥味，锅内坐水，放入生姜、花椒粒，放入猪肚；水开二度之后，淋入料酒1

勺大火继续煮 3~5min 后将猪肚捞出，进行二次处理：乘热撕去脐部的膜，再翻过来刮净油脂粒。

图 8-13　荸荠肚片汤

（2）处理好的猪肚再次冲洗干净，切成条块状，放入加有水和生姜末的锅内煮熟，捞出控水备用；炒锅烧热注油，将猪肚条入锅翻炒，加入适量开水（或高汤），加盖焖炖至肚条熟软汤色稠浓。

（3）将荸荠刷洗干净削皮切块，干黑木耳泡发，拣洗干净备用，小葱切末；将洗净去皮的荸荠及黑木耳下入锅中继续焖炖 10min 左右，加入精盐调味，调入胡椒粉少许，撒入葱末即可出锅。

8. 荸荠莲藕大骨汤（图 8-14）

主料　猪尾骨 1 根，莲藕 1 节，荸荠 10 个，红枣 4 个。

辅料　葱姜适量，盐适量，料酒 15ml，鸡精少许，胡椒粉少许。

图 8-14　荸荠莲藕大骨汤

制作方法

（1）尾骨剁块用清水浸泡出血水。

（2）莲藕去皮，和荸荠和大枣一起用清水浸泡。

（3）猪骨用开水焯烫洗净。

（4）免火再煮锅中加入适量的清水放入葱姜，大枣。

（5）再加入料酒。

（6）加盖煮上 15min。

（7）莲藕切厚片，荸荠切块。

（8）把莲藕和荸荠放入锅中。

（9）煮开关火，把内胆锅放入外锅加盖焖40min。

（10）食材已熟，取出内胆锅放置火上加入盐，胡椒粉调味。

（11）再次煮开关火即好。

9. 拔丝荸荠（琉璃荸荠）（图8-15）

主料 荸荠（去皮）500g，砂糖100g。

辅料 面粉、生粉若干。

制作方法

（1）荸荠去皮洗净，放在小盆里，撒上面粉和生粉少许。

（2）荸荠上残留的水分就可以把面粉和生粉溶解，挂在荸荠上。

图8-15 拔丝荸荠

（3）一个锅里热油炸荸荠，另一个锅里放水和砂糖，熬糖。

（4）熬糖火候比较重要，把糖里的水分熬没了，黏糊了，气泡少了。

（5）炸好的荸荠控油，然后倒入气泡差不多没有了的糖锅，翻锅，直至荸荠表面包裹了均匀的糖饴，就可以盛盘了。

10. 减肥果汁荸荠雪梨汁（图8-16）

主料 荸荠4个（去皮后约100g），雪梨1个（去皮去核后约150g），凉开水100ml。

制作方法

（1）准备材料。

（2）荸荠去皮洗净，切小块；雪梨洗净，去皮去核，切小块。

图8-10 荸荠雪梨汁

（3）将荸荠、雪梨和凉开水倒入榨汁机搅打成汁即可。

11. 荸荠银耳羹（图8-17）

荸荠银耳羹是一款养颜润肺的养生汤。银耳含有丰富的胶质，多种氨基酸和维生素，常食可滋阴补肾，润肺补气，荸荠的维生素也很高，它还有着生津之功效，二者结合熬煮，让美丽喝出来。如果要熬得更浓稠，可增加银耳用量和熬煮时间。

图8-17 荸荠银耳羹

主料 荸荠6个，银耳1团，枸杞20粒。

辅料 冰糖适量，水1000ml。

制作方法

（1）准备好材料。

（2）将除冰糖以外食材放入养生壶。

（3）加水1000ml，选择"养生汤"功能。

（4）加热30min后，汤汁浓稠，银耳熟烂，即可停止加热（或根据个人需要，可以继续完成养生汤功能）。

（5）加入冰糖。

（6）盖焖5min即可饮用。

12. 荸荠糖水（图8-18）

主料 荸荠200g。

辅料 白砂糖30g，水适量。

制作方法

（1）荸荠用水洗干净。

（2）放入装有凉水的锅中，开大火烧开水后转中火煮15min至熟。

图8-18 荸荠糖水

（3）马上捞出放入凉水中浸泡（过凉水更易去皮）。

（4）将皮全部去掉后用水冲洗干净。

（5）切成小块。

（6）锅中倒入水，加入白糖融化开后转小火煮至糖水浓稠。

（7）倒入荸荠块再煮开。

（8）盛出。

13. 话梅荸荠（图 8-19）

主料　九制话梅 10 多粒，荸荠 0.5kg

制作方法

（1）荸荠洗干净后削皮备用。

（2）准备好话梅。

（3）取一口锅，把荸荠和话梅放进去，倒入清水，水没过原料就差不多了。开锅后煮 15min 后关火，关火后不要马上打开锅盖，盖着盖子焖半个小时后就可以吃了。

图 8-19　话梅荸荠

（4）如果想更清爽的话，可以把话梅荸荠连汤一起放到保鲜盒里放到冰箱里冷藏一段时间，凉着吃口感更好，荸荠更脆！

14. 甘蔗荸荠饮（图 8-20）

主料　甘蔗 2 小节，荸荠 10 余个，冰糖适量。

制作方法

（1）新鲜甘蔗削皮砍成小节。

（2）荸荠洗去泥巴，清理干净。

（3）甘蔗剁成小块，荸荠削干净外皮。

图 8-20　甘蔗荸荠饮

（4）把甘蔗和荸荠放进煲内，添加没过食材的清水。

（5）大火烧开，撇去浮沫，转中小火煲 20min 即成。

（6）颜色金黄透亮，荸荠和甘蔗煮熟后温暖香甜，汤汁清澈微甜，可以直接饮用，也可以调入适量冰糖味道更佳。

15. **荸荠糟羹**（图 8-21）

浙江省台州市一带每年正月十四有食糟羹看花灯习俗。糟羹以薯粉或藕粉为主料调制而成，分咸、甜两种。甜羹以荸荠、红枣或蜜枣、葡萄干、桂圆肉、金橘、莲子、红萝卜、花生仁、白（红）糖等为佐料煮成带甜味的糊状美食；咸羹以肉丁、冬笋丁、年糕丁、豆腐干丁、香菇丝、蛏肉、牡蛎肉、虾皮、川豆瓣、花生仁、豆面碎、盐等为佐料煮成带咸味的糊状佳肴。正月十五喝的糟羹为甜糟羹。

图 8-21　荸荠糟羹

制作方法

（1）各材料预处理，荸荠削皮切丁，金橘去核切片，红枣、莲子等泡好。

（2）最难煮熟的先下锅。

（3）其他材料相继下锅，放糖。

（4）等所有食材都煮软煮出香味以后，把调好的水淀粉一边搅拌一边倒入锅中。

（5）淀粉透明了就是煮熟，关火出锅。

参考文献

鲍建荣，詹有才，吴学素，等.1993.荸荠茎腐病病原菌鉴定及生物学特性的研究[J].植物保护学报,20(4):307-311.

陈丽娟，蔡炳华，江文，等.2011.马蹄组培苗田间育苗技术[J].农家之友(4):17.

华安.2005.荸荠的九大药用功效[J].开卷有益——求医问药(5):36.

李双梅，柯卫东，刘义满，等.2009.荸荠开花结实习性观察[J].长江蔬菜(16):56-57.

李峰，柯卫东，刘义满.2006.荸荠研究进展[J].长江蔬菜(8):39-42.

李峰，柯卫东.2013.荸荠种质资源描述规范和数据标准[M].北京:中国农业科学技术出版社.

廖旺姣.2008.荸荠贮藏期球茎腐烂病的发生规律与药剂防治研究[D].南宁:广西大学.

蒙平.2008.荸荠高产栽培与利用[M].北京：金盾出版社.

满昌伟.2014.移动式藕荸荠等水生蔬菜栽培技术[M].北京:化学工业出版社.

石庆芬.2014.荸荠的采收与贮藏保鲜技术[J].现代园艺(6):29.

谭光新.2004.荸荠秆枯病的发生及防治技术[J].广西植保(1):24-26.

王伯诚，赖小芳.2018.荸荠种质创新与生产关键技术[M].北京:中国农业科学技术出版社.

王迪轩.2011.莲藕、茭白、荸荠、慈姑优质高产问答[M].北京:化学工业出版社.

吴永忠，程蕾，杨胜红.2017.福寿螺发生现状及综合防治[J].植物医生(10):53-54.

徐建方，施雪珍，2002，荸荠几种常见性枯死的鉴别与防治[J].上海蔬菜(3):30-31.

薛勇.2002.荸荠产品及食用菌保健风味油加工技术[J].农村实用技术与信息(10):46-47.